看图学技术丛书

铣工技能图解

黑龙江技师学院　王凤伟　郑永发　编

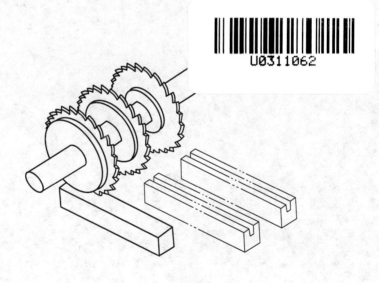

机械工业出版社

本书采用图解的形式系统地介绍了铣工操作技能，主要内容包括铣工基本操作与工件装夹，铣床基础、操作与维护，铣刀，铣工常用量具及其使用方法，铣平面，铣连接面，铣台阶，铣成形沟槽，孔加工，分度头和铣齿轮。

　　本书可作为铣工初学者及参加职业技能培训人员的学习用书，也可作为中职、技校相关专业学生的参考资料。

看图学技术丛书编委会

主　　任：王　臣

副 主 任：张振铭　朱　华　张文香

委　　员：岳忠君　徐凤琴　付红杰

　　　　　周培华　王　勇　王凤伟

本书编者：王凤伟　郑永发

本书主审：张文香

前　　言

随着我国社会的进步和经济的发展，企业对技能型人才的需求量越来越大，用工荒已演化为社会的热点话题，成当为前亟待解决的难题。一方面，虽然很多企业都有完整的新员工培训制度，但是将完全没有基础的员工在短期内培训成合格的岗位工人是不现实的，换句话说，面对技能岗位，企业不是用人，而是不敢用技能不合格的人；另一方面，目前社会上的短期技能培训虽然在国家政策的推动下取得了很大成效，但是仍缺少真正适合的图书来指导实践，帮助巩固、消化技能知识。为此，我们组织编写了这套看图学技术丛书。

本丛书以《国家职业技能标准》对各工种初级工、中级工的要求为基础，注重对操作技能的培养，内容从生产实际出发，突出操作技能的训练，图文并茂、以图为主、文字为辅，深入浅出地介绍了基本操作技能。

自 2004 年，本丛书陆续出版了《钳工技能图解》、《车工技能图解》、《焊工技能图解》、《铸造工技能图解》、《维修电工技能图解》等，因通俗易懂、简明实用，深受广大读者欢迎。为满足读者需要，保证该丛书具有更强的生命力，我们及时补充编写社会所需工种，并针对职业标准的更新对图书进行修订，使这套丛书成系列、具规模，为培养技能型人才做出更大贡献。

本丛书可作为铣工初学者及参加职业技能培训人员的学习用书，也可作为中职、技校相关专业学生的参考资料。

本书由王凤伟编写文字部分，郑永发绘图，张文香审稿。由于编者水平有限，书中难免有错误和不足之处，恳请广大读者批评指正。

编　者

目　　录

第一章　铣工基本操作与工件装夹

一、铣削基本知识

1. 铣削概述

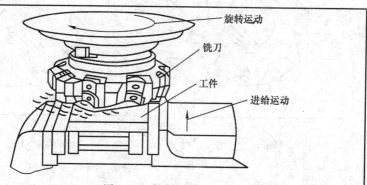

图 1-1　铣削运动

说明：铣削运动是指在铣床上，利用铣刀的旋转、工件相对铣刀做进给运动，将金属从工件表面上切削下来的过程，是一种典型的切削加工方式。铣削加工效率、精度较高，其经济加工精度一般为IT7～IT9，表面粗糙度一般为 $Ra1.6～12.5\mu m$，精细铣削可达IT5，表面粗糙度可达 $Ra0.20\mu m$。

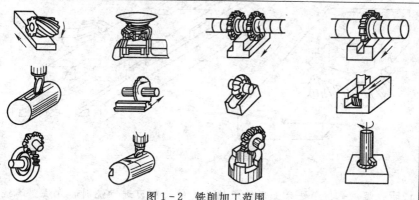

图 1-2　铣削加工范围

说明：用不同的铣刀可加工平面、台阶、直角沟槽、特形槽、特形面等，使用分度装置可以加工花键、螺旋键、牙嵌离合器等。

2. 铣削方法

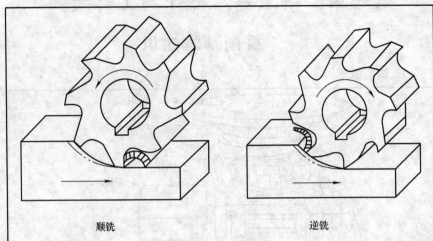

顺铣　　　　　　　　　　　　逆铣

图1-3　周铣法

说明：周铣法又称为圆周铣，周铣法是指在铣床上，用铣刀圆周上的切
　　　削刃进行铣削的方法。周铣时，铣刀回转轴线与工件被加工表面
　　　相互平行。根据铣刀的旋转方向与工作台方向的关系，周铣法又
　　　分为顺铣和逆铣两种方式。

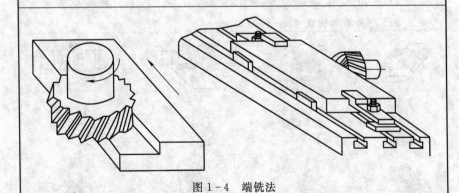

图1-4　端铣法

说明：端铣是指在铣床上用铣刀端面上的切削刃进行铣削的方法。端铣
　　　时，铣刀的回转轴线与工件被加工表面相互垂直。根据铣刀与工
　　　件的相对位置，端铣法又分为对称铣和不对称铣。

2. 铣削方法

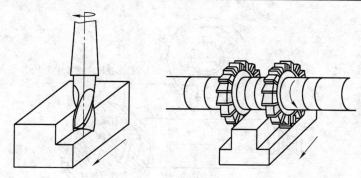

图 1-5　混合铣削法

说明： 混合铣削简称混合铣，是指铣削时铣刀的圆周上的切削刃与端面上的切削刃同时参与铣削的方法。混合铣时，工件上会同时形成两个或两个以上的已加工表面。

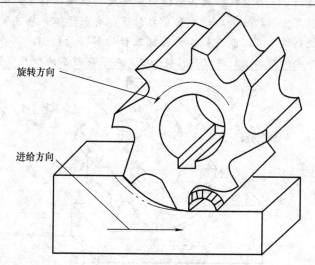

旋转方向

进给方向

图 1-6　顺铣法铣削

说明： 顺铣法铣削是指工件的进给方向与铣刀的旋转方向相同的铣削方式。顺铣法铣削时，切削刃一开始就切入工件，切屑由厚到薄，减少切削刃的磨损，提高刀具寿命，但铣刀切削刃从工件外表面切入工件，当工件表面有硬皮或杂质时，容易磨损或损坏刀具。

2. 铣削方法

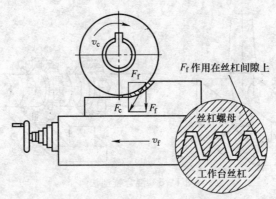

图 1-7　顺铣时切削力对工作台的影响

说明：顺铣时，铣刀对工件的作用力有水平分力和垂直分力。水平分力
作用于工作台丝杠及其螺母的间隙处，拉动工作台，使工作台向
前发生间歇性窜动；垂直分力向下，有利于工件的夹紧。顺铣法
铣削适合有间隙调整机构的机床和切削余量较小、不易夹牢、薄
而长的难加工材料以及精铣加工，可获得较高的加工质量。

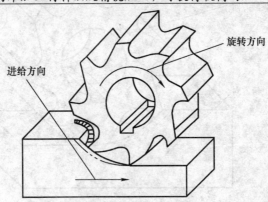

图 1-8　逆铣法铣削

说明：逆铣法铣削是指工件进给方向与铣刀的旋转方向相反的铣削方式。
逆铣法铣削时，切削刃在加工表面上滑动一小段距离后切入工件，
切屑由薄到厚，切削刃的滑动易使工件的加工表面形成硬化层，
使切削刃磨损较快。

2. 铣削方法

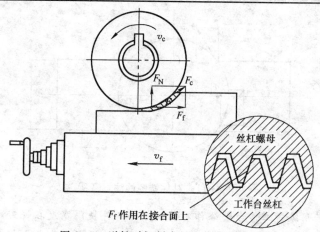

图 1-9　逆铣时切削力对工作台的影响

说明：逆铣时，铣刀对工件的作用力。水平分力作用于工作台丝杠及其
螺母的接合面处，不会拉动工作台向前窜动；垂直分力始终向上，
将工件向上抬起，工件需要有较大的夹紧力。逆铣法铣削适用于
没有间隙调整机构或铣床的工艺刚性不足的铣床和加工有硬皮的
铸件或锻件。目前生产中多数采用逆铣法铣削。

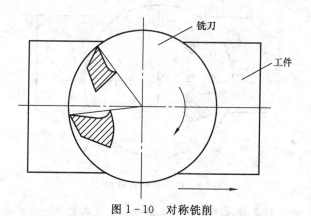

图 1-10　对称铣削

说明：对称铣削是指在端铣时，铣刀处于工件铣削宽度中间位置的一种
铣削方式，切入边与切出边所占的铣削宽度相等。对称铣削只适
用于加工短而宽或较厚的工件，不宜铣削狭长或较薄的工件。

6

2. 铣削方法

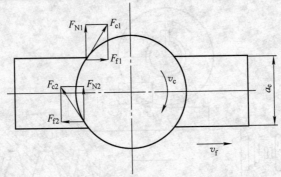

图 1-11　对称铣削的注意事项

说明：若用纵向工作台进给作对称铣削，工件铣削宽度在铣刀轴线两边
各占一半，使作用在工件中心线两边的纵向分力大小相等和方向
相反，工作台在进给方向不会产生突然拉动现象，但此时横向工
作台进给方向分力较大，会使工作台沿横向产生突然拉动，因此
铣削前必须紧固横向工作台。

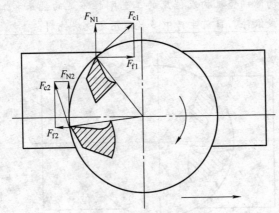

图 1-12　非对称铣削

说明：非对称铣削是指在端铣时，工件铣削宽度在铣刀一边的铣削方式。
按切入边与切出边所占铣削宽度的比例不同，非对称铣削又分为
非对称顺铣和非对称逆铣两种，与周铣的顺铣和逆铣相同，生产
中一般采用非对称逆铣。

3. 铣削用量

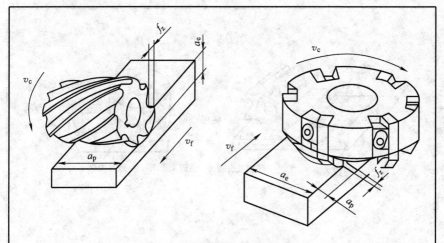

图 1-13　铣削加工的铣削用量

说明：铣削用量包括铣削速度 v_c、背吃刀量 a_p、侧吃刀量 a_e 和每齿进给量 f_z。

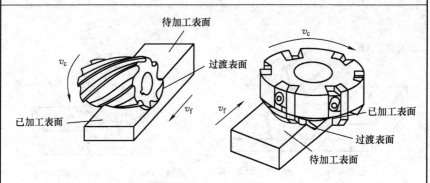

图 1-14　铣削速度

说明：铣削速度是指铣刀上离中心最远的一点在 1min 内所走过的距离，单位是 m/min。铣削速度 v_c 与铣刀直径 d 和铣刀转速 n 的关系是：$v_c = \pi d n / 1000$。铣削时，先根据工件材料、铣刀材料、加工性质等确定铣削速度，再根据所用铣刀直径，计算并确定铣床主轴转速。

3. 铣削用量

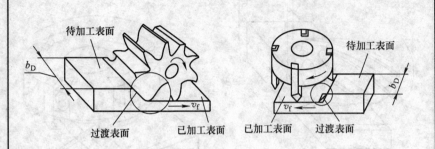

图 1-15　铣削宽度

说明： 铣削宽度 b_D 是指铣刀在一次进给中切掉工件表层的宽度，单位是 mm。

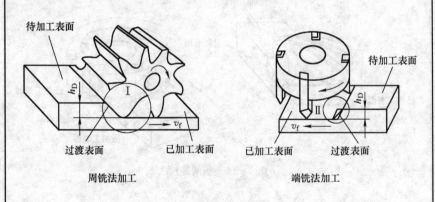

周铣法加工　　　　　　　　　端铣法加工

图 1-16　铣削厚度

说明： 铣削厚度 h_D 是指铣刀在一次进给中切除工件表层的厚度，即已加工表面与待加工表面之间的垂直距离，单位为 mm。

3. 铣削用量

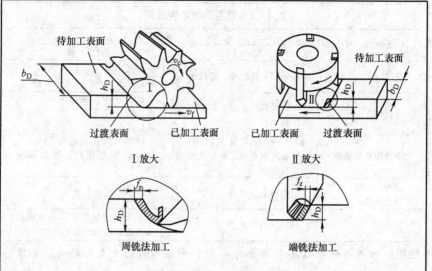

图 1-17　进给量

说明：进给量是指铣削过程中，工件相对铣刀所移动的距离。根据具体
　　　　情况的需要，有三种表达和度量的方法，即每分钟进给量 v_f、每
　　　　转进给量 f 和每齿进给量 f_z。三者之间的关系为

$$v_f = f_n = f_z z_n$$

　　　　其中：n 为铣刀每分钟的转速；z 为铣刀刀齿数。

　　　　铣削时，根据加工性质先确定每齿进给量，再根据所选铣刀的齿
　　　　数和主轴转数计算出每分钟进给量，最后按计算值调整进给量以
　　　　符合铣床铭牌的数值。

4. 切削液

表 1-1 常用切削液的选用

加工材料	铣 削 种 类	
	粗 铣	精 铣
碳钢	3%～5%乳化液、苏打水	10%～20%乳化液、10%～15%极压乳化液、硫化油等
合金钢	3%～5%乳化液、5%～10%极压乳化液	10%～20%乳化液、10%～15%极压乳化液、复合油、硫化油等
不锈钢及耐热钢	3%～5%乳化液、10%～15%极压乳化液、极压切削油、硫化乳化液	10%～25%乳化液、15%～20%极压乳化液、含氯切削油等
黄铜、青铜、铝等有色金属	一般不加切削液	一般不加切削液
铸铁	一般不加切削液	一般不加切削液，必要时选煤油或矿物油与煤油的混合油

说明：切削液根据性质不同分为水基和油基两种，主要起冷却、润滑、防锈和冲洗的作用。水基切削液以冷却为主、润滑为辅，常用乳化液。油基切削液以润滑为主、冷却为辅，常用的是切削油。切削液的选用应根据工件材料、刀具材料、加工方法和要求等具体条件综合考虑、合理选用。

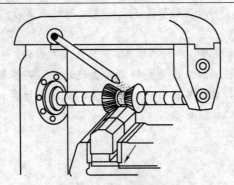

图 1-18 切削液的使用

说明：使用切削液时，要保证切削液充足，使铣刀充分冷却，并且在铣削一开始就应浇注，禁止等到铣刀发热后再加切削液，以免损坏刀具。切削液应浇注在刀齿与工件接触处，也就是热量最大、温度最高的地方。

二、机用平口钳装夹工件

1. 机用平口钳概述

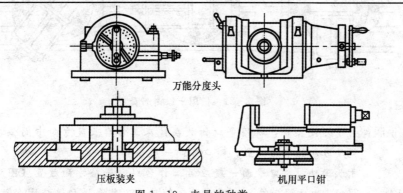

万能分度头

压板装夹　　　　　　　机用平口钳

图 1-19　夹具的种类

说明：根据夹具的适用范围，夹具分为通用夹具和专用夹具。通用夹具的通用性很强，如机用平口钳、压板、分度头等；专用夹具是在大批量加工中为某一工件或某一工序的加工而设计的夹具。一般多选用通用夹具，对于中、小型工件，一般多采用机用平口钳装夹；当工件尺寸较大或形状较复杂时，常用螺钉、压板直接把工件装夹在工作台上。

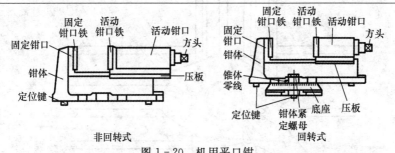

非回转式　　　　　　　回转式

图 1-20　机用平口钳

说明：机用平口钳又称平口虎钳，固定钳口面和底面有较高的定位精度，是铣床上装夹工件常用的附件。常用的机用平口钳有回转式和非回转式两种，两者结构基本相同，只是非回转式机用平口钳没有转盘，钳体不能回转，而回转式机用平口钳钳体可扳转任意角度，适应性较强。普通机用平口钳以钳口宽度 B 为标准，规格有：100mm、125mm、136mm、160mm、200mm、250mm 六种。

2. 机用平口钳的安装

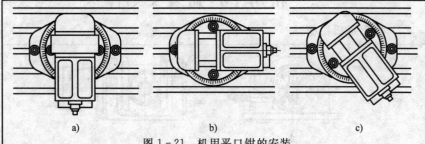

a)　　　　　　　　　　b)　　　　　　　　　　c)

图 1-21　机用平口钳的安装

说明： 为了方便操作，机用平口钳放在铣床工作台长度方向中间偏左、宽度方向的中间位置。钳口方向一般根据工件的长度来确定：对于长工件，钳口平面一般应沿工作台纵向进给方向放置（图 1-21a）；对于短工件，钳口平面一般应沿工作台横向进给方向放置（图 1-21b）；对于角度工件，钳口平面可以与工作台倾斜任意角度（图 1-21c）。

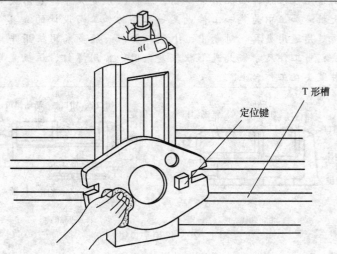

定位键

T 形槽

图 1-22　机用平口钳在工作台上的安装步骤一

说明： 首先擦净钳体底座表面和铣床工作台表面及 T 形槽面，将机用平口钳底座上的定位键放入工作台中央的 T 形槽内，并置于指定位置上。

2. 机用平口钳的安装

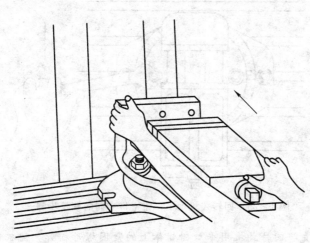

图1-23　机用平口钳在工作台上的安装步骤二

说明：用双手横向推动钳体，使钳体底面两定位键的同一侧侧面靠在中
央 T 形槽的一侧面上。

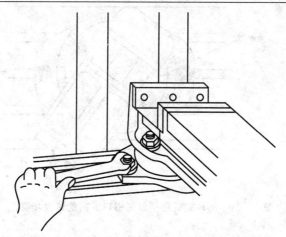

图1-24　机用平口钳在工作台上的安装步骤三

说明：将 T 形螺栓顺着工作台 T 形槽放到机用平口钳底座的 U 形孔内，
并用活扳手（或呆扳手）上紧 T 形螺栓上的螺母，固定住钳座。

2. 机用平口钳的安装

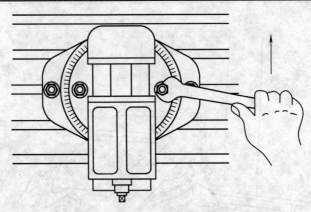

图1-25　回转式机用平口钳钳口方向的调整步骤一

说明：首先将回转式机用平口钳钳体上的紧固螺母松开，使机用平口钳的钳体处于松开状态。

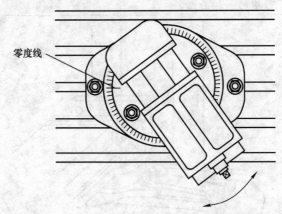

零度线

图1-26　回转式机用平口钳钳口方向的调整步骤二

说明：转动钳体，利用钳体上的零刻线与底座上的刻线相配合，使固定钳口与铣床主轴轴线垂直或平行，也可按需要调整成所要的角度，再将钳体上的紧固螺母拧紧。利用钳体的刻线找正方便，但精度不高。对于精度要求较高的工件，要对固定钳口进行找正。

3. 机用平口钳的找正

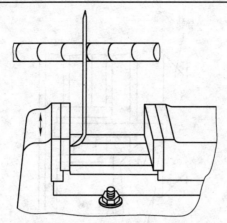

图 1-27　用划针找正钳口平面的方法

说明： 将划针装夹在铣刀杆垫圈间，调整工作台位置，使划针靠近固定
　　　　钳口平面上，然后顺着固定钳口平面移动工作台，观察并调整钳
　　　　口平面与划针尖的距离，使其在钳口全长范围内基本上一致，拧
　　　　紧紧固螺母即可。用划针找正简便，但精度低，适用于粗找正。

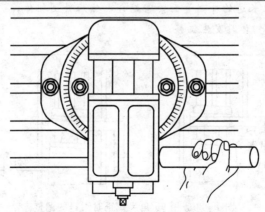

图 1-28　用划针找正时钳口的调整

说明： 划针沿固定钳口平面移动时，若划针逐渐远离钳口平面，就用铜棒
　　　　或木棒轻敲钳体将固定钳口向划针侧调整；反之，则将固定钳口向
　　　　远离划针侧调整，直至划针在钳口全长范围内间隙基本上一致为
　　　　止。找正机用平口钳前，要松开机用平口钳钳体的紧固螺母，找正
　　　　符合要求后旋紧紧固螺母，再进行复验，防止旋紧时发生偏移。

3. 机用平口钳的找正

导轨

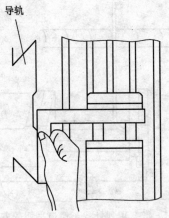

图 1-29 用 90°角尺找正法

说明：用 90°角尺找正固定钳口平面与主轴轴线平行。

具体操作方法：松开机用平口钳紧固螺母，将 90°角尺的短边底面紧靠在铣床床身的垂直导轨面上。调整钳体，使固定钳口平面与 90°角尺长边的外测量面紧密贴合，然后紧固钳体，进行复验，以免紧固钳体时发生偏移。

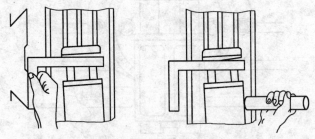

图 1-30 用 90°角尺找正时钳口的调整

说明：当 90°角尺的短边底面紧靠在铣床床身的垂直导轨面时，在固定钳口平面的全长范围内观察 90°角尺的外测量面与钳口是否紧密贴合。在没有紧密贴合处，轻轻将钳口向长边侧摆动或用铜棒轻敲，使长边测量面紧靠固定钳口即可。

3. 机用平口钳的找正

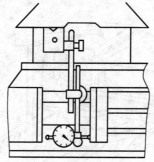

图 1-31 用指示表找正固定钳口平面与铣床主轴轴线平行

说明： 将磁性指示表的磁性底座吸在床身垂直导轨面上，安装指示表，
使表的测量杆触头与固定钳口平面垂直接触，并使测量杆预留压
缩量 0.3～0.5mm。横向移动工作台，使指示表测头沿固定钳口平
面移动。观察指示表的读数，在固定钳口平面的全长范围上，指
示表的指针波动较小，则固定钳口平面与铣床主轴轴线平行。

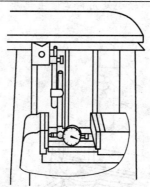

图 1-32 用指示表找正固定钳口平面与铣床主轴轴线垂直

说明： 将磁性指示表的磁性表座吸在横梁导轨面上，安装指示表，使表
的测量杆与固定钳口平面垂直接触，并将测杆压缩 0.3～0.5mm。
纵向移动工作台，使指示表测头沿固定钳口平面移动，观察指示
表的读数。指示表的读数在固定钳口全长内基本一致，则固定钳
口与铣床主轴轴线垂直。

4. 用机用平口钳装夹工件

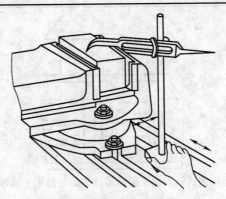

图 1-33　毛坯件的装夹

说明：选择毛坯件上较大且较平整的毛坯面作为粗定位基准，并使其与
　　　固定钳口平面靠紧。为了不损伤钳口平面，在固定钳口与工件毛
　　　坯面间垫上铜皮。并用划针找正上平面，具体找正方法：将划针
　　　盘放在铣床工件台上。调整划针高度，使划针尖端靠近毛坯的上
　　　平面。然后横向和纵向移动工作台，观察划针尖与毛坯上平面间
　　　的间隙，并在间隙较小处用粉笔做上记号。

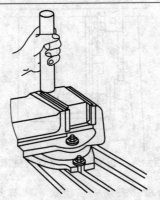

图 1-34　毛坯件的找正方法

说明：用铜棒轻轻敲击用粉笔做的记号处，再移动工作台复检，直到划
　　　针尖与毛坯上平面各处间隙均匀后，夹紧工件即可。找正工件时，
　　　工件不宜夹得太紧，避免铜皮受力变形。

4. 用机用平口钳装夹工件

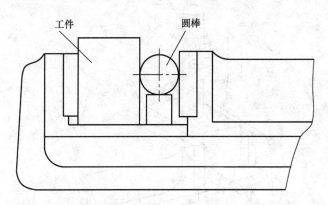

工件　　　圆棒

图 1-35　以固定钳口平面定位装夹工件的方法

说明：将工件的基准面靠向固定钳口平面夹紧，为保证工件的基准面与
　　　固定钳口平面配合紧密，可在活动钳口与工件间放置一圆棒，通
　　　过圆棒来夹紧工件，圆棒置于工件被夹持部分高度的中间偏上，
　　　并与钳口上平面平行的位置上。

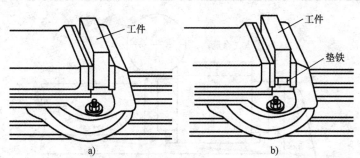

工件　　　　　　　　工件
　　　　　　　　　　　　　垫铁

a)　　　　　　　　　b)

图 1-36　以钳体导轨平面定位装夹工件的方法

说明：将工件的基准面靠向导轨平面后夹紧。对于较高的工件，可直接
　　　放到导轨面上，如图 1-36a 所示；对于较矮的工件，要在工件与
　　　导轨面之间加垫平行垫铁，如图 1-36b 所示。

4. 用机用平口钳装夹工件

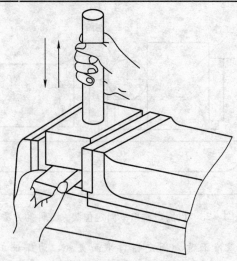

图 1-37　以钳体导轨面定位装夹工件的夹紧方法

说明： 将工件夹紧后，用铝棒或纯铜棒轻轻敲击工件的上表面，同时用手推动垫铁。以推不动为标准，确保垫铁与工件、垫铁与水平导轨面配合紧密。敲击时要用力适度且逐渐减小。

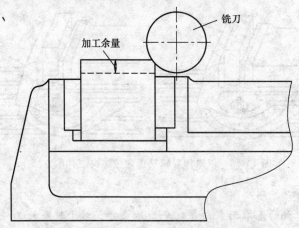

图 1-38　机用平口钳装夹工件的注意事项一

说明： 用机用平口钳装夹工件时，要保证工件的加工余量层高出钳口的上平面，以免铣削时损坏钳口和铣刀。

5. 用机用平口钳装夹工件的注意事项

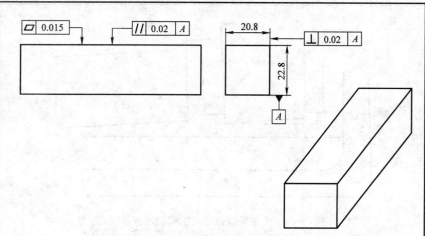

图 1-39　机用平口钳装夹工件的注意事项二

说明：用平行垫铁装夹工件时，所选垫铁的平面度、平行度、相邻表面的垂直度应符合要求，并且垫铁表面要具有一定的硬度，防止因变形而影响安装精度。

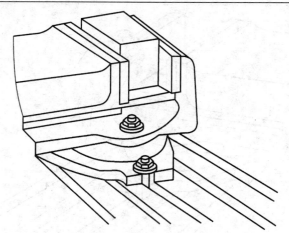

图 1-40　机用平口钳装夹工件的注意事项三

说明：工件在机用平口钳上的装夹位置应适当，尽量居于钳口中间，使工件装夹后稳固可靠，机用平口钳钳口受力均匀，不致在切削力的作用下产生位移等不稳定因素。

5. 用机用平口钳装夹工件的注意事项

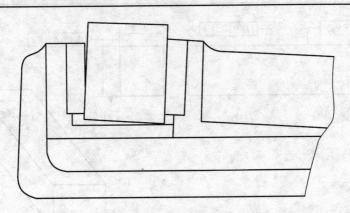

图1-41　机用平口钳装夹工件的注意事项四

说明： 经常检查活动钳口铁的紧固螺钉是否松动。防止松动太大，使活动钳口受力后上翘，产生装夹误差。

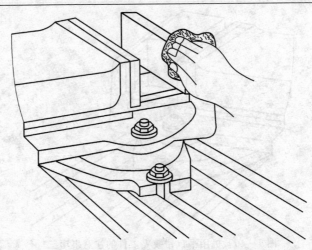

图1-42　机用平口钳装夹工件的注意事项五

说明： 装夹工件前应先将各接触面擦净，严禁采用砸扳手的方法紧固工件，避免丝杠变形，造成机用平口钳运行不畅。

三、用压板装夹工件

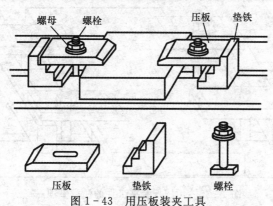

图1-43 用压板装夹工具

说明：用压板装夹工件所用的工具比较简单，主要有压板、垫铁、T形螺栓（T形螺母和螺柱）。为了满足不同形状工件的需要，压板的形状可做成多种多样。

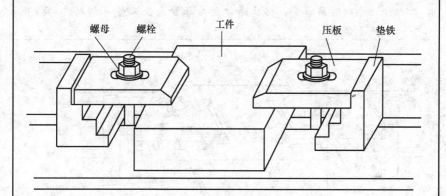

图1-44 用压板装夹工件的方法

说明：将压板的一端搭在垫铁上，另一端搭在工件上，中间用T形螺栓紧固，T形螺栓的T形底座插入到铣床工作台的T形槽内。使用压板装夹工件时，压板的数量一般不少于两块。

三、用压板装夹工件

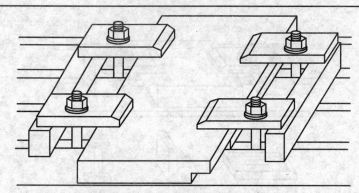

图1-45　用压板装夹工件的注意事项一

说明：正确选择压板在工件上的夹紧位置，即尽量靠近加工区域，并位于工件刚性最好的位置。垫铁的高度等于或略高于工件被压紧部位的高度。在螺母和压板之间必须加垫垫圈，增加接触面积。若夹紧部位有悬空时，应将工件垫实再夹紧。每个压板要均匀夹紧，并逐步以对角压紧，防止单边受力压紧，使工件在切削力的作用下产生偏移。

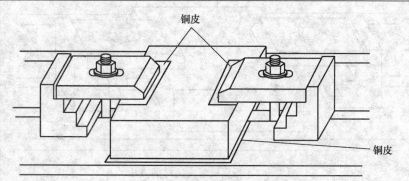

图1-46　用压板装夹工件的注意事项二

说明：为了不损伤工作台面，最好在毛坯件与工作台台面之间垫上铜皮。用压板在已加工表面上夹紧时，应在工件与压板之间垫上铜皮或纸片。一方面避免损伤已加工表面；另一方面可增加摩擦力，使工件夹紧牢固。

第二章 铣床基础、操作与维护

一、常用铣床

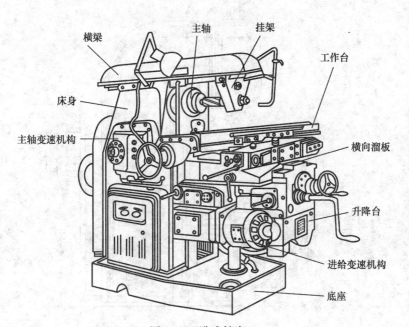

横梁 主轴 挂架

工作台

床身

主轴变速机构

横向溜板

升降台

进给变速机构

底座

图 2-1 卧式铣床

说明：卧式铣床的主要特征是铣床主轴轴线与工作台台面平行，主轴呈
横卧位置。铣削时将铣刀安装在与主轴相连接的刀轴上，随主轴
做旋转运动，待加工工件装夹在工作台台面上相对铣刀作进给运
动，从而完成切削工作。卧式铣床加工范围广，可加工沟槽、平
面、特形面、螺旋面等。卧式铣床一般分为卧式铣床和卧式万
能铣。

一、常 用 铣 床

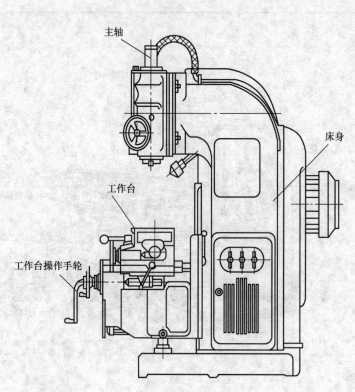

主轴

床身

工作台

工作台操作手轮

图 2-2　立式铣床

说明：立式铣床的主要特征是铣床主轴轴线与工作台台面垂直，主轴呈
竖立位置。铣削时，铣刀安装在与主轴相连接的刀轴上，绕主轴
做旋转运动，待加工工件装夹在工作台上，相对铣刀作进给运动，
完成切削加工。在立铣床上应用面铣刀、立铣刀、特形铣刀可以
实现各种沟槽和表面等的铣削。

二、铣床型号的表示法

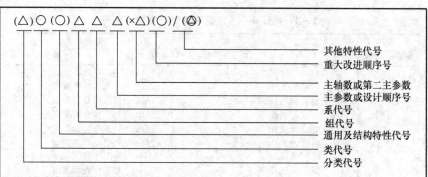

注：1. 有"○"符号的为大写的汉语拼音字母。
2. 有"（ ）"的代号或数字当无内容时，则不表示，若有内容不带括号。
3. 有"△"符号的为阿拉伯数字。
4. 有"◬"符号的为大写的汉语拼音字母，或阿拉伯数字，或两者兼有之。

图 2-3　铣床型号的表示方法

说明： 铣床型号由基本部分和辅助部分两部分组成，两者中间用"/"隔开。前面的基本部分包括类别、通用特性、组、系、主参数等，需统一管理；后面的辅助部分纳入型号与否由企业自行决定。

表 2-1　通用特性代号表

通用特性	高精度	精密	自动	半自动	数控	仿形	加工中心（自动换刀）	柔性加工单元	数显	高速	轻型	加重型
代号	G	M	Z	B	K	F	H	R	X	S	Q	C
拼音	高	密	自	半	控	仿	换	柔	显	速	轻	重

表 2-2　铣床型号"组"代号和名称表

铣床类	组代号和名称									
	代号	0	1	2	3	4	5	6	7	8	9
×	名称	仪表铣床	悬臂及滑枕铣床	龙门铣床	平面铣床	仿形铣床	立式升降台铣床	卧式升降台铣床	床身铣床	工具铣床	其他铣床

说明： 铣床的类别代号用汉语拼音字母"X"表示，读作铣；通用特性代号也用汉语拼音字母表示，位居类别代号之后；组、系代号用阿拉伯数字表示，位居类代号或通用代号之后，各代号的含义见表 2-1、表 2-2。

二、铣床型号的表示法

表 2-3　铣床类（X）型号的表示方法（部分）

组		系		主参数	
代号	名称	代号	名称	折算系数	名称
0	仪表铣床	1	台式工作铣床	1/10	工作台面宽度
		2	台式车铣床	1/10	工作台面宽度
		3	台式仿形铣床	1/10	工作台面宽度
		4	台式超精铣床	1/10	工作台面宽度
		5	立式台铣床	1/10	工作台面宽度
		6	卧式台铣床	1/10	工作台面宽度
2	龙门铣床	0	龙门铣床	1/100	工作台面宽度
		1	龙门镗铣床	1/100	工作台面宽度
		2	龙门磨铣床	1/100	工作台面宽度
		3	定梁龙门铣床	1/100	工作台面宽度
		4	定梁龙门镗铣床	1/100	工作台面宽度
		5	高梁式栋梁移动龙门镗铣床	1/100	工作台面宽度
		6	龙门移动铣床	1/100	工作台面宽度
		7	定梁龙门移动铣床	1/100	工作台面宽度
		8	龙门移动镗铣床	1/100	工作台面宽度
5	立式升降台铣床	0	立式升降台铣床	1/10	工作台面宽度
		1	立式升降台镗铣床	1/10	工作台面宽度
		2	摇臂铣床	1/10	工作台面宽度
		3	万能摇臂铣床	1/10	工作台面宽度
		4	摇臂镗铣床	1/10	工作台面宽度
		5	转塔升降台铣床	1/10	工作台面宽度
		6	立式滑枕升降台铣床	1/10	工作台面宽度
		7	万能滑枕升降台铣床	1/10	工作台面宽度
		8	圆弧铣床	1/10	工作台面宽度
6	卧式升降台铣床	0	卧式升降台铣床	1/10	工作台面宽度
		1	万能升降台铣床	1/10	工作台面宽度
		2	万能回转头铣床	1/10	工作台面宽度
		3	万能摇臂铣床	1/10	工作台面宽度
		4	卧式回转头铣床	1/10	工作台面宽度
		5	卧式滑枕升降台铣床	1/10	工作台面宽度

说明：铣床型号中的名称和常用类、组、系划分见表 2-3，主参数数值是将实际数值折算后用阿拉伯数字表示的，位居组、型代号之后。主参数经过折算后，当折算值大于 1 时，用整数表示；前面不加"0"；当折算值小于 1 时，则取小数点后第 1 位数，并在前面加"0"。例如：X6132 表示卧式万能升降台铣床，工作台面宽度为 320mm。

三、常用铣床的基本操作

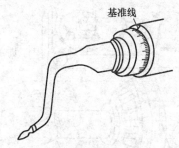

图 2-4　工作台垂直方向进给手柄的操作

说明： 铣床前方靠左下方设有上下手动操作手柄，操作时，将手柄接通手动进给离合器，顺时针摇动手柄，工作台上升；逆时针摇动手柄，工作台下降。在手柄上设有刻度盘，刻度盘一周有刻线 40 格，1 格是 0.05mm，即每转一格，工作台移动 0.05mm，若手柄摇过了刻度，不能直接摇回，必须退回一圈后，再重新摇到想要的刻度位置。

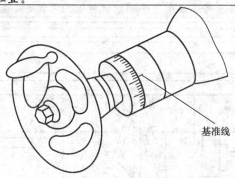

图 2-5　工作台纵向和横向进给手柄的操作

说明： 铣床前方和工作台左方设有手动操作手柄，控制工作台前后、左右动作。操作时，将手柄分别接通进给离合器，摇动手柄即可带动工作台做相应的手动进给运动。顺时针摇动，工作台前进；逆时针摇动，工作台后退。进给手柄上有刻度盘，设有刻线 120 格，每格 0.05mm，即手柄转一格，工作台移动 0.05mm，实现通过刻度盘控制工作台进给方向的移动距离。

三、常用铣床的基本操作

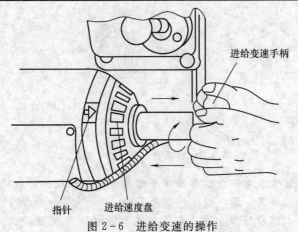

图 2-6　进给变速的操作

说明：用进给变速机构变速时，首先将进给变速手柄向外拉出，然后转动手柄带动进给速度盘转动，让速度盘上选择好的速度值对准指针箭头位置，最后将进给变速手柄推回原位，完成进给变速的操作。

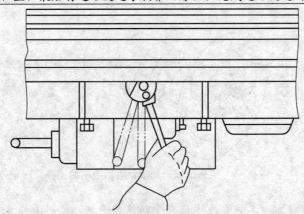

图 2-7　工作台纵向机动进给的操作

说明：纵向工作台的机动进给手柄有三个位置：向左进给、向右进给和停止进给。当手柄向左推时，工作台向左进给；当手柄向右推时，工作台向右进给；当手柄与进给方向垂直时，工作台停止不动。为了操作方便，采用复式操纵机构。进给手柄设有两个，可在机床前操作，也可在机床左侧操作，两手柄之间互锁。

三、常用铣床的基本操作

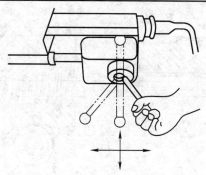

图 2-8　工作台横向和垂直方向机动进给手柄的操作

说明： 工作台的横向和垂直机动进给手柄设有五个位置：工作台向里、
　　　向外进给，工作台向上、向下进给，工作台停止进给。当机动进
　　　给与进给方向垂直时，进给停止；当进给手柄倾斜时，则对应方
　　　向的进给接通，实现机动进给。实现机动进给时，进给手柄处于
　　　脱开，空套在轴上。

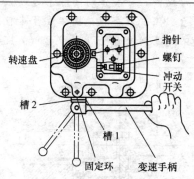

图 2-9　主轴变速的操作

说明： 主轴变速的操作方法：变速时握住变速手柄下压，使其定位榫块
　　　脱出固定环的槽 1 位置；将变速手柄向右推出，使定位榫块送入
　　　固定环的槽 2 内，变速手柄处于脱开的位置 I；用手转动转速盘，
　　　将所选择的转速对准箭头；下压变速手柄，并快速推至位置 II，
　　　即可接合手柄。开关接通，电动机带动齿轮转动。随后，向右推
　　　变速手柄至位置 III，并将定位榫块送入固定环的槽 1 内，电动机
　　　停止。电动机起动时，瞬间电流很大，不要频繁变速，且主轴未
　　　停时禁止变速。

四、常见铣床的调整

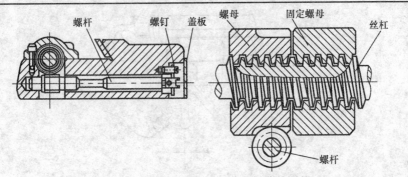

图 2-10　工作台纵向丝杠传动间隙的调整

说明：调整工作台纵向丝杠传动间隙的方法是：打开工作台底座上的盖板，拧松锁紧压板上的螺钉；再顺时针转动螺杆带动螺母转动。由于固定螺母是固定的，当螺母与固定螺母的端面相抵紧后，迫使螺母推动丝杠向左移动，直到丝杠螺纹的右侧与螺母贴紧，而左侧与固定螺母贴紧，一般传动间隙不超过 0.05mm。调整好后，用手摇动工作台，保证在全程范围不发生卡住现象，反向转动手轮时，空转量不超过刻度盘上 3 个小格（0.15mm）。最后拧紧螺钉，盖上盖板。

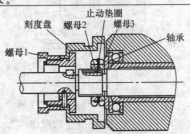

图 2-11　工作台纵向丝杠轴向间隙的调整

说明：调整工作台纵向丝杠轴向间隙的方法：首先卸下手轮，将螺母 1 和刻度盘卸下，扳直止动垫圈，稍微松开螺母 2，然后用螺母 3 旋进或旋出进行间隙调整。一般轴向间隙调整到 0.01～0.03mm。调整好后，先旋紧螺母 3，再旋紧螺母 2，然后再反向旋紧螺母 3，防止旋紧螺母 2 时把螺母 3 向里压紧。最后将止动垫圈扣紧，装上刻度盘和螺母。

四、常见铣床的调整

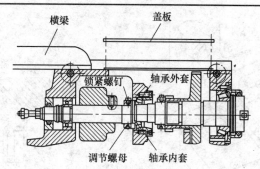

横梁　　盖板　　锁紧螺钉　　轴承外套　　调节螺母　　轴承内套

图 2-12　卧式铣床主轴轴承间隙的调整

说明： 调整卧式铣床主轴轴承间隙的方法是：将横梁推开，移去床头顶上的盖板，拧松锁紧螺母上的锁紧螺钉，然后拧动调节螺母以改变两轴承内、外圈之间的距离，从而调整轴承的间隙。调整好后，重新锁紧调节螺母上的紧固螺钉，盖好盖板、横梁复位。调整完后要进行空运行试验。试验时应以最低一级转速开始，依次升速，每级运转不少于 2min，而在最高速运转 30～60min 时主轴轴承温度不超过 60℃即可。

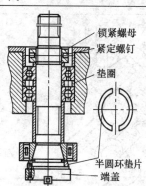

锁紧螺母　　紧定螺钉　　垫圈　　半圆环垫片　　端盖

图 2-13　立式铣床主轴轴承间隙的调整

说明： 调整立式铣床主轴轴承间隙时，首先拆下立铣头前侧的盖板，拧松锁紧螺母上的锁紧螺钉，再松开锁紧螺母；拆下主轴头部的端盖，取下半圆环垫圈按调整量进行修磨后，重新装回主轴；然后拧紧锁紧螺母使轴承内圈胀开直到把垫圈压紧为止。最后逐级试运行，轴承温度在 60～70℃ 范围内即可。

四、常见铣床的调整

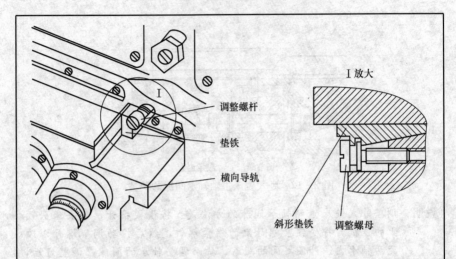

图 2-14 横向导轨间隙的调整

说明：调整横向导轨间隙时，直接转动调整螺杆即可带动斜形垫铁前进
或后退，从而调整导轨间隙的大小。间隙一般以不大于 0.04mm
为宜。

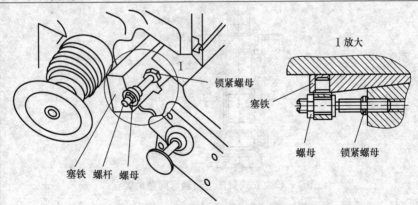

图 2-15 纵向导轨间隙的调整

说明：调整纵向导轨间隙时，首先松开调整机构的螺母和锁紧螺母，再
拧动螺杆，螺杆带动垫铁进或退，从而调整导轨间隙的大小。调
整好后，再将螺母和锁紧螺母先后拧紧，防止松动。

四、常见铣床的调整

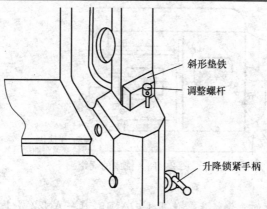

图 2-16　工作台升降导轨间隙的调整

说明：升降导轨间隙调整机构与横向导轨调整机构相同。调整工作台升
　　　降导轨间隙时，直接旋转调整螺杆即可带动斜形垫铁进或退，从
　　　而调整升降导轨间隙的大小。调整好后，摇动工作台升降，以确
　　　定导轨的松紧程度。

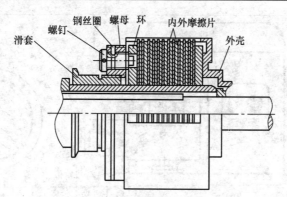

图 2-17　片式摩擦离合器的调整

说明：片式摩擦离合器的调整方法：首先打开钢丝圈，再将螺钉从环的
　　　孔中拧出（环圆周均布8个孔），然后转动螺母，调整内外摩擦片
　　　之间的间隙。一般情况下，先将摩擦片拧紧，再反向拧螺母，按
　　　螺母螺距估算间隙大小。当脱开时，摩擦片之间的总间隙不应小
　　　于2～3mm。

五、铣床的维护和保养

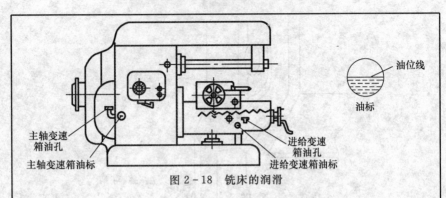

图 2-18 铣床的润滑

说明： 按季节的变化铣床常使用 L-AN15、L-AN22 或 L-AN32 机械
油，冬季用较稀的，夏季用较稠的。铣床主轴箱、进给变速箱、
油泵的油池有油标，正常时油位位于油标线上。当油面低于油标
线时，要及时补油，使油面达到油标线；但油不能加的太满，否
则阻力大，浪费功率，同时油温升高，使变速箱无法工作。一般
主轴箱要求六个月换一次油，进给变速箱要求三个月换一次油。

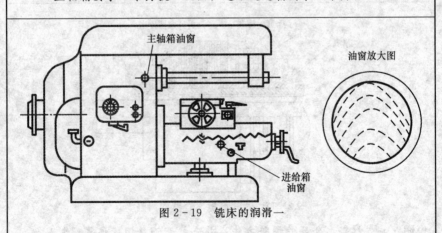

图 2-19 铣床的润滑一

说明： 机床起动后，首先观察主轴箱和进给变速箱上的油窗，正常时油
窗中应该有机油流动，否则即是油泵或是输油管出了问题，要及
时处理。

五、铣床的维护和保养

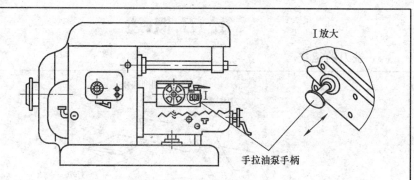

I放大

手拉油泵手柄

图 2-20 铣床的润滑二

说明：铣床工作台的纵向丝杠和螺母、导轨面、横向溜板导轨采用手拉油泵注油润滑。手动油泵要求每天加油一次，每天拉手柄8~10次。

垂直导轨　　丝杠端轴承　工作台　　挂架轴承

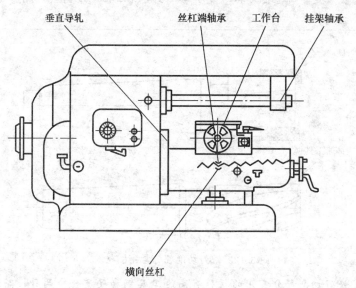

横向丝杠

图 2-21 铣床的润滑三

说明：铣床工作台纵向丝杠两端轴承、垂直导轨面、挂架轴承等接触面采用油枪手动润滑。要求每天工作后擦干净，注油润滑保养，防止生锈。

第三章　铣　刀

一、铣刀概述

1. 铣刀的组成

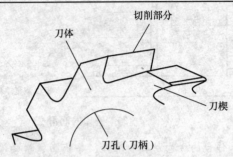

图 3-1　铣刀的组成

说明：铣刀是一种多齿刀具，由刀体、刀楔、刀孔（刀柄）、切削部分等组成。

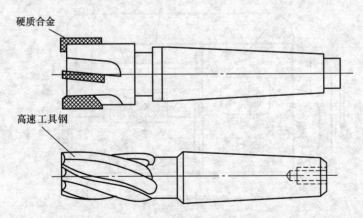

图 3-2　铣刀切削部分常用的材料

说明：铣刀切削部分常用的材料有高速工具钢和硬质合金两种，高速工具钢常用于加工结构形状复杂的铣刀，如圆柱形铣刀、立铣刀等，适用于低速切削；硬质合金适用于高速切削，因质地脆硬、加工工艺性较差，多制成刀片，然后以焊接或机械夹固法镶于铣刀刀体上。

2. 铣刀的结构

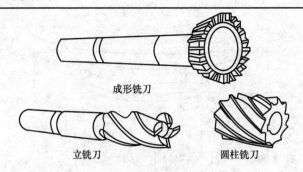

成形铣刀

立铣刀　　　　　　　　圆柱铣刀

图 3-3　整体式铣刀

说明：铣刀的切削部分、装夹部分及刀体制成为一体，一般由高速工具钢材料制成或由高速工具钢制造切削部分，结构钢制造刀体部分再焊接成整体，如圆柱形铣刀、立铣刀、成形铣刀等，整体铣刀的体积都不很大，角度预先刃磨好，一把新铣刀可直接安装使用，不用刃磨。

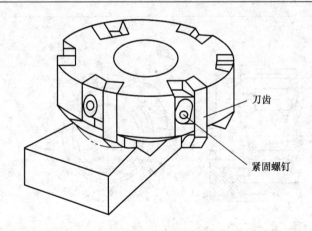

刀齿

紧固螺钉

图 3-4　镶齿式铣刀

说明：镶齿式铣刀是将刀齿（由高速工具钢制成或已焊接好的硬质合金刀头）用机械夹固的方式装夹在已加工好的刀体安装槽中，当刀齿磨损到不能使用或刀头破损报废时，只需装上新刀齿即可，提高刀体的利用率，节省刀体材料。刀齿的刃磨既可将铣刀安装在刃磨机上整体刃磨，也可将刀齿从铣刀上拆下单独进行刃磨。

2. 铣刀的结构

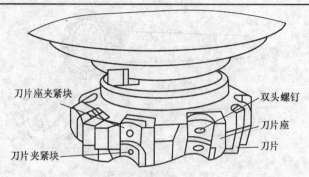

刀片座夹紧块

双头螺钉

刀片座

刀片

刀片夹紧块

图 3-5　可转位铣刀

说明： 可转位铣刀又称为机械装夹式铣刀；可转位铣刀是将铣刀刀片用
机械装夹的方式安装在刀体上，不需修磨即可使用，刀片磨损后
将刀片转过一个位置继续使用，待几条切削刃都用钝后，再刃磨
或调换刀片。既节省材料和刃磨时间，又提高生产率，加工质量
稳定，目前已标准化，使用较为广泛。

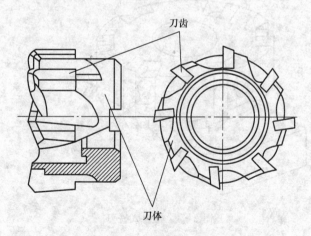

刀齿

刀体

图 3-6　整体焊齿式铣刀

说明： 整体焊齿式铣刀是用硬质合金或其他耐磨材料制成刀齿，然后钎
焊在刀体上修磨后使用。整体焊齿式铣刀结构紧凑，制造容易，
但刀齿一旦破损整把铣刀将报废，较少使用。

3. 铣刀的角度

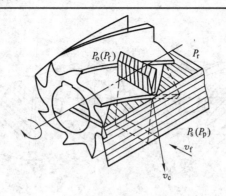

图 3-7　确定铣刀几何角度的辅助坐标平面

说明：分析铣刀角度的辅助坐标平面有基面（P_r）、主切削平面（P_s）和正交平面（P_o）三个平面，三个平面是相互垂直的。基面 P_r 是指通过切削刃选定点的平面，它平行或垂直于刀具；主切削平面 P_s 是指通过主切削刃选定点与主切削刃相切并垂直于基面的平面；正交平面 P_o 是指通过切削刃选定点并同时垂直于基面和切削平面的平面。

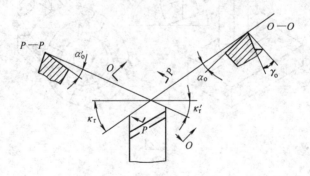

图 3-8　铣刀角度的分析方法

说明：分析铣刀角度通常采用"一面四角"分析法，将多刃转化为单刃，逐条切削刃进行剖析，简化角度分析。所谓"一刃四角"，"一刃"指的是分析部位的切削刃，"四角"是指与被分析的切削刃密切相关的四个基本角度：前角 γ_o、后角 α_o、主偏角 κ_r、副偏角 κ_r'。

3. 铣刀的角度

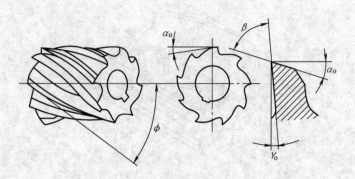

图 3-9 圆柱形铣刀的主要角度

说明： 圆柱形铣刀的主要角度有前角 α_o、后角 γ_o、楔角 β、螺旋角 ϕ。圆柱形铣刀上的角度是预先刃磨好的，使用时不需再刃磨。

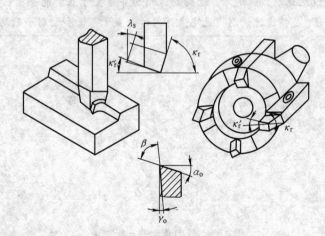

图 3-10 面铣刀的主要角度

说明： 面铣刀有主切削刃和副切削刃两条切削刃组成，主要角度有前角 α_o、后角 γ_o、楔角 β、主偏角 κ_r、副偏角 κ_r'、刃倾角 λ_S。

4. 铣刀的刀齿形式

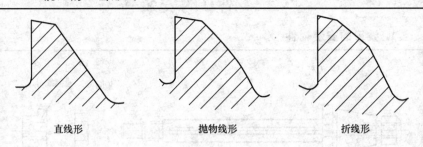

直线形　　　　　　　　抛物线形　　　　　　　折线形

图 3-11　尖齿铣刀

说明：尖齿铣刀是一种应用较广泛的铣刀，多用于三面刃铣刀、锯片铣
刀、角度铣刀、立铣刀、T形槽铣刀和燕尾槽铣刀等，铣刀刀齿
类似锯齿，齿背由直线、折线或抛物线组成，刃口较锋利。直线
形齿背制造容易，刃磨方便，但刀齿强度低，多用于精加工；抛
物线和折线形齿背的强度高，可承受较大的载荷，多用于粗加工。

齿背

图 3-12　铲齿铣刀

说明：铲齿铣刀一般做成阿基米德螺旋线形状，刃口不够锋利，但刀齿
用钝后只需刃磨前刀面，刀齿截面形状能一直保持原来的形状。
多用于成形铣刀中，如齿轮铣刀、凸半圆铣刀等。

二、铣刀的安装

1. 铣刀的安装辅件

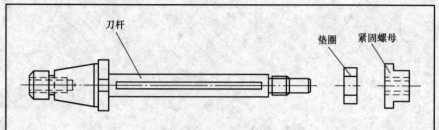

图 3-13　长铣刀杆

说明：长铣刀杆由刀杆、垫圈和螺母三部分组成。刀杆柄部锥度为
7：24，与主轴的内锥相同，常用的铣刀杆直径有 22mm、27mm、
32mm 三种。主要用于带孔的圆柱形铣刀和盘形铣刀的安装。

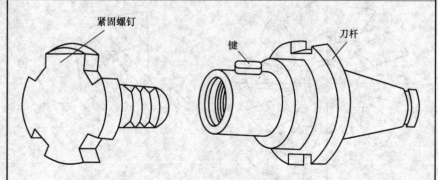

图 3-14　圆柱面上带键槽铣刀杆

说明：圆柱面上带键槽铣刀杆用于内孔带键槽的套式面铣刀的安装，结
构与长铣刀杆相同，只是光轴部分较短。

1. 铣刀的安装辅件

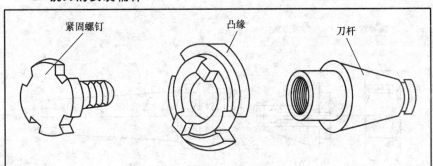

图 3-15　凸缘端面上带键的铣刀杆

说明：凸缘端面上带键的铣刀杆用于端面带键槽的套式面铣刀的安装。
铣刀杆上配有一块键板，连接主轴与铣刀，起到传递转矩的作用。

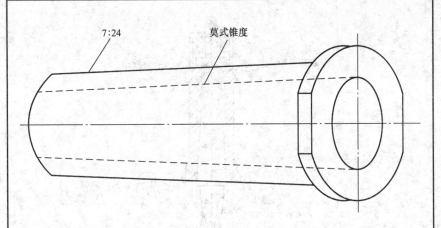

图 3-16　中间套筒

说明：中间套筒俗称钻套，用于锥柄铣刀的安装。当铣刀锥柄的锥度与
铣床主轴锥度不相同时，借助中间套筒来安装铣刀，起中间过渡
的作用。中间套筒的外锥锥度是 7：24，与主轴相配，内锥分别为
莫氏 1、2、3、4、5 号五种，以适应各种不同规格锥柄铣刀的安
装。

46

1. 铣刀的安装辅件

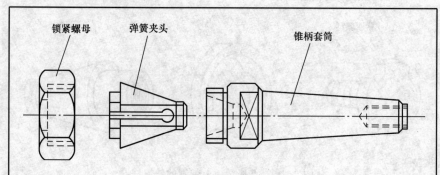

图 3-17　弹簧夹头套筒

说明： 弹簧夹头套筒用于直柄铣刀的安装。弹簧夹头套筒由套筒、弹簧
夹头和锁紧螺母三部分组成，套筒外锥度为 7：24 与主轴内锥相
配，内锥与弹簧夹头相配。

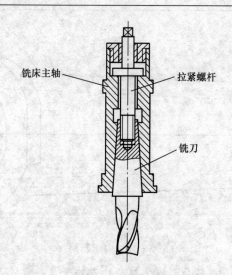

图 3-18　拉紧螺杆

说明： 拉紧螺杆的作用是将铣刀、铣刀杆固紧在铣床主轴上；拉紧螺杆
前端螺纹的尺寸与铣刀杆的外锥端内螺纹要相同，便于二者旋合，
紧固铣刀。

1. 铣刀的安装辅件

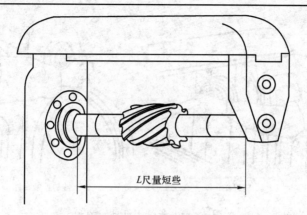

图 3-19　铣刀杆和拉紧螺杆的选择

说明：按所使用铣刀的内孔尺寸选择相匹配的铣刀杆及拉紧螺杆，并在
　　　不影响正常铣削的前提下，铣刀杆的长度 L 尽量选择短些，增强
　　　铣刀的强度；同时注意检查铣刀杆是否弯曲变形、铣刀杆和拉紧
　　　螺杆的螺纹是否完好。

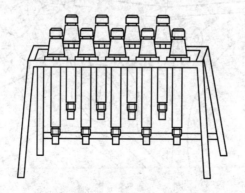

图 3-20　铣刀杆的放置与保养

说明：铣刀杆用后要擦拭干净，并涂上油，防止表面腐蚀上锈；要放置
　　　在支架上或悬挂在挂架上垂直放置，防止铣刀杆弯曲变形。

2. 带孔铣刀的装拆

装刀杆   旋转拉紧螺杆

图 3-21 长铣刀杆的安装

说明：安装长铣刀杆的方法是一手握住铣刀杆将铣刀杆柄部装入主轴锥孔内，使铣刀杆凸缘上的缺口对准主轴端部的凸键；另一只手旋转拉紧螺杆，将拉紧螺杆旋入铣刀杆端部内螺纹中。

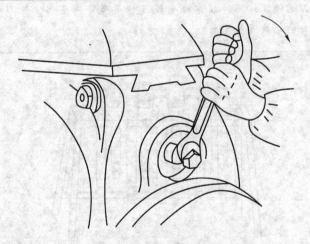

图 3-22 铣刀杆的锁紧

说明：拉紧螺杆与铣刀杆充分旋合后，用扳手旋紧拉紧螺杆上的背紧螺母，铣刀杆则被锁紧在主轴锥孔内。

2. 带孔铣刀的装拆

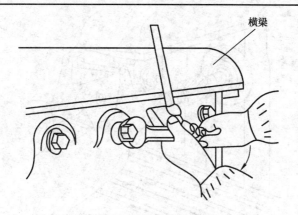

图 3 - 23　调整横梁

说明：松开横梁紧固螺钉，转动调节螺母，伸缩横梁，使横梁的伸出长
度与铣刀杆的长度相适应。

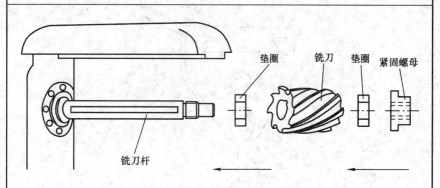

图 3 - 24　铣刀的安装

说明：将垫圈和铣刀顺序装入铣刀杆的光轴上，旋入紧固螺母。铣刀的
位置由垫圈来调节。

2. 带孔铣刀的装拆

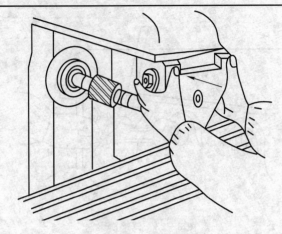

图 3-25 安装挂架

说明：双手托起挂架，把挂架放置在横梁上，并使挂架上的轴承孔套入铣刀杆轴颈上，注入适量的润滑油，防止转动时轴径与轴承直接接触摩擦。

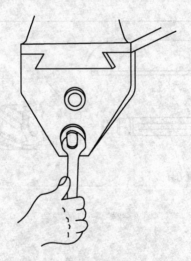

图 3-26 挂架轴承间隙的调整

说明：挂架轴承间隙配合要松紧适当。间隙过大，铣削时会产生振动；间隙过小，铣削时挂架轴承会发热。

2. 带孔铣刀的装拆

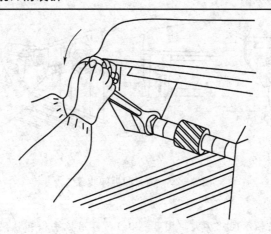

图 3-27　铣刀的锁紧

说明： 首先将铣床主轴锁紧或调整在最低的转速上，然后用较大的扳手
（或用小扳手套上管子）扳紧铣刀杆上的紧固螺母，通过垫圈将铣
刀紧固在铣刀杆上。在铣刀杆上安装铣刀时，一般应先紧固挂架
后紧固铣刀，防止铣刀杆受力弯曲变形。

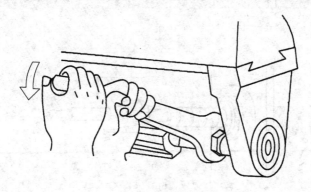

图 3-28　铣刀的拆卸步骤一

说明： 铣刀的拆卸与铣刀的安装顺序正好相反。首先用扳手反向旋转铣
刀杆上的紧固螺母，松开铣刀。

2. 带孔铣刀的装拆

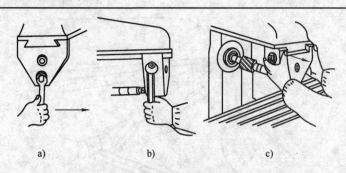

a)　　　　　　　　b)　　　　　　　c)

图 3 - 29　铣刀的拆卸步骤二

说明：将挂架轴承间隙调大（图 3 - 29a），再用扳手松开挂架的紧固螺钉
（图 3 - 29b），取下挂架（图 3 - 29c）。

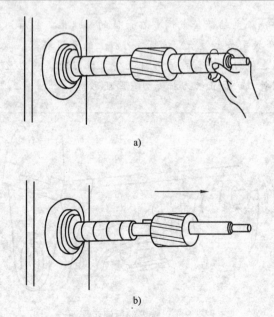

a)

b)

图 3 - 30　铣刀的拆卸步骤三

说明：用手旋下铣刀杆上的紧固螺母，按顺序——取下铣刀杆上的垫圈
和铣刀。

2. 带孔铣刀的装拆

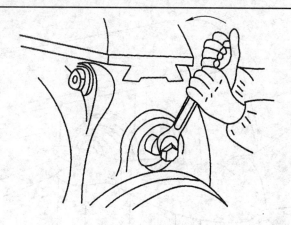

图 3-31 铣刀杆的拆卸步骤一

说明：用扳手松开拉紧螺杆上的背紧螺母，再将松开的螺母旋出一圈左
右，松开铣刀杆。

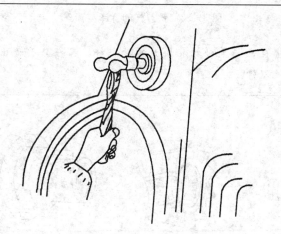

图 3-32 铣刀杆的拆卸步骤二

说明：用手锤轻轻敲击拉紧螺杆的端部，使铣刀杆锥柄部从铣床主轴的
锥孔中松脱。

2. 带孔铣刀的装拆

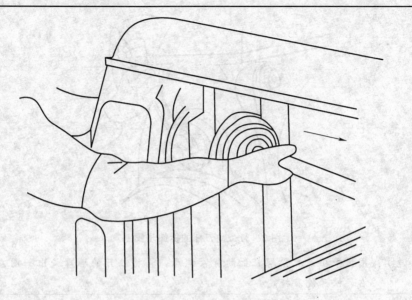

图 3-33　铣刀杆的拆卸步骤三

说明：一手握住已与主轴锥孔松开的铣刀杆，另一只手旋出拉紧螺杆，
　　　　取下铣刀杆。

紧固螺钉　　　　　铣刀　　　　键　　　铣刀杆

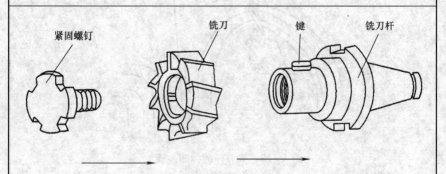

图 3-34　内孔带键槽的套式面铣刀的安装

说明：按图示顺序将擦拭干净的铣刀装入铣刀杆光轴上，然后锁紧紧固
　　　　螺钉，铣刀通过键和螺钉被固定在铣刀杆上。

2. 带孔铣刀的装拆

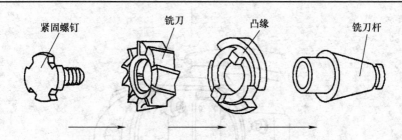

紧固螺钉　　　铣刀　　　凸缘　　　铣刀杆

图 3-35　端面带槽的套式面铣刀的安装

说明：将铣刀凸缘内孔端面按图示顺序——装入铣刀杆光轴上，并使铣刀端面上的槽对准铣刀杆上凸缘端面上的凸键，旋入铣刀紧固螺钉，将铣刀固定在铣刀杆上。

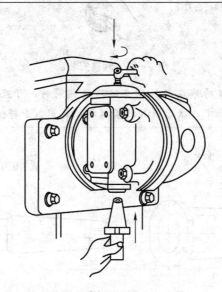

图 3-36　铣刀杆的安装

说明：一手握住装好铣刀的铣刀杆一起伸入铣床主轴内，使铣刀杆上的对称缺口与主轴前端面的键块面配合；用另一只手旋转拉紧螺杆，将铣刀杆连同铣刀一起安装到铣床主轴上。对于面铣刀，因铣刀杆较短，可先安装铣刀杆，再按图 3-34 或图 3-35 的顺序安装铣刀。

3. 带柄铣刀的安装

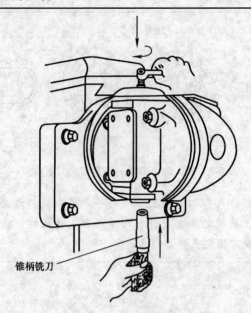

锥柄铣刀

图 3 - 37　直接安装法

说明：当铣刀柄部的锥度与铣床主轴锥度相同时，可直接将铣刀锥柄装
　　　　入主轴锥孔中，然后旋入拉紧螺杆，再用扳手将铣刀拧紧即可。

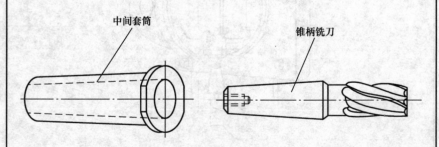

中间套筒　　　　　　　　　　　　　　　　　　锥柄铣刀

图 3 - 38　用中间套筒安装法

说明：当铣刀柄部的锥度与铣床主轴锥度不相同时，要先将铣刀插入相
　　　　应的中间套筒内（所选中间套筒的内锥面与铣刀的外锥柄面相
　　　　同），再将中间套筒连同铣刀一起装入主轴锥孔内，旋紧拉紧螺
　　　　杆，紧固铣刀。

3. 带柄铣刀的安装

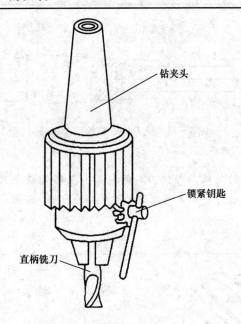

图 3-39　用钻夹头安装法

说明：钻夹头安装法适用于直径较小的直柄铣刀的安装。具体方法：先
将铣刀的直柄装入钻夹头内，用专用扳手将铣刀旋紧，再用力将
钻夹头装入主轴孔内即可；也可先将钻夹头安装到铣床主轴上，
再装夹铣刀锁紧。

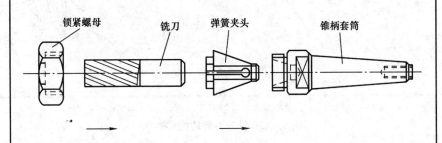

图 3-40　用弹簧夹安装法

说明：弹簧夹安装法多用于直径为 3～20mm 直柄铣刀的安装。

4. 铣刀装拆的注意事项

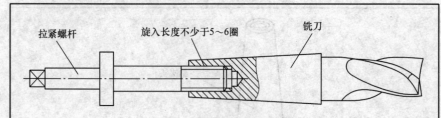

图 3-41　铣刀杆安装的注意事项

说明： 拉紧螺杆的螺纹应与铣刀杆的螺孔有足够的旋合长度，一般拉紧
　　　　螺杆旋入铣刀杆柄部内螺纹的圈数不少于 5～6 圈，过少可能会造
　　　　成滑牙。

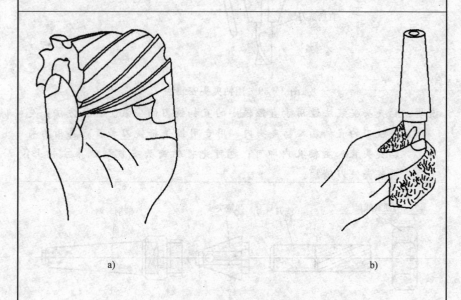

图 3-42　铣刀拆装的注意事项

说明： 装卸铣刀时，圆柱形铣刀应以手持两端面（图 3-42a），立铣刀应
　　　　垫棉纱握刀柄露出的端部（图 3-42b），防止铣刀刃口划伤手。

4. 铣刀装拆的注意事项

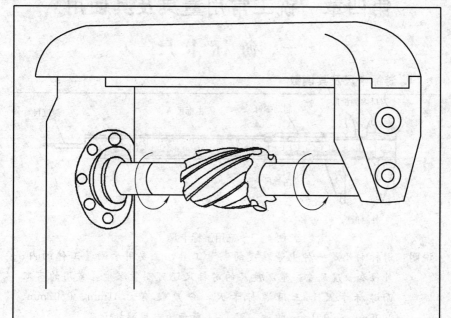

图 3-43　铣刀安装的注意事项

说明：铣刀安装后，要低速试运转，检查铣刀的回转方向，应向着刀齿
　　　前面的方向回转，确保铣刀正常铣削。

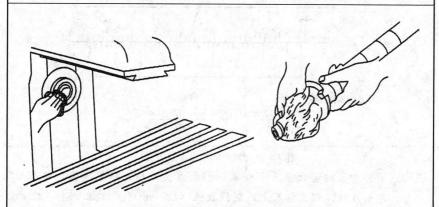

图 3-44　铣刀安装前的注意事项

说明：安装铣刀前，应先擦净铣床、铣刀杆、铣刀等各个配合表面，防
　　　止附有毛刺等脏物影响铣刀的安装精度。

第四章　铣工常用量具及其使用

一、游标卡尺

1. 游标卡尺及其读数

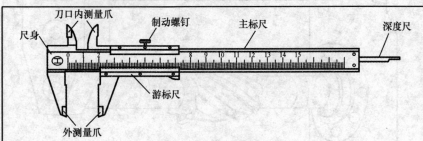

图 4-1　三用游标卡尺

说明：游标卡尺是一种中等精度的测量工具，主要用于测量工件的内、外径和长度尺寸，带深度尺的游标尺还可测量深度。常用的有双面游标卡尺和三用游标卡尺，分度值有 0.01mm、0.02mm、0.05mm 和 0.1mm 四种，图 4-1 所示为三用游标卡尺。

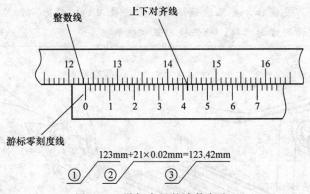

123mm+21×0.02mm=123.42mm

图 4-2　游标卡尺的读数方法

说明：游标卡尺的读数分三个步骤：①读出主标尺上的整数值，即游标零刻度线左侧主标尺上的刻线数值（123mm）；②读出游标尺上的小数值，即游标尺上的刻线与主标尺的刻线对齐的线的格数（21）与游标卡尺分度值（0.02mm）的乘积；③将整数与小数相加得出实际测量的尺寸数值（123.42mm）。

2. 游标卡尺的使用

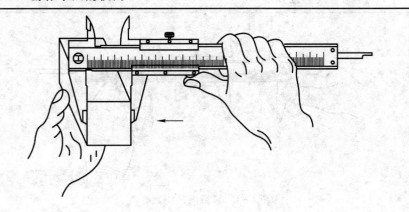

图 4-3　用游标卡尺测量外尺寸的方法

说明：测量外尺寸时，应先把外测量爪张开得比被测尺寸稍大些，然后用拇指慢慢推动外测量爪，使外测量爪轻轻接触被测工件表面，不得用力硬推，以免损坏游标卡尺。为保证测量尺寸的准确，测量时要注意外测量爪的测量部位要正确，不能用爪尖，同时避免尺身歪斜。

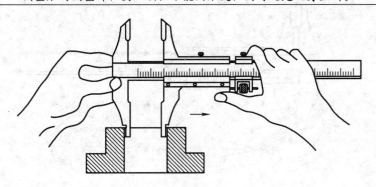

图 4-4　用游标卡尺测量内尺寸的方法

说明：测量内尺寸时，先把圆弧内测量爪张开得比被测工件内径尺寸稍小些，然后拇指慢慢拉动圆弧内测量爪，使其轻轻接触被测工件表面，同样不得硬卡，防止损坏游标卡尺。同时用双面游标卡尺测内尺寸时，读出的数值要减去测量爪的厚度（10mm）才是被测内径的尺寸值。测量时，保证圆弧内测量爪在内尺寸的最大或轴向最小位置处，避免尺身歪斜。

2. 游标卡尺的使用

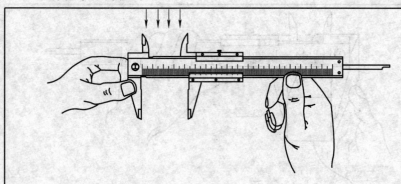

图 4 - 5　读数时的注意事项

说明：读数时，游标卡尺要拿平，并朝光亮的方向正视看尺数，眼睛必须正视游标卡尺上的刻线，防止偏视造成读数误差，为了不使测量爪位置发生变动，测量后应将制动螺钉锁紧后再取下游标卡尺读取尺寸值。

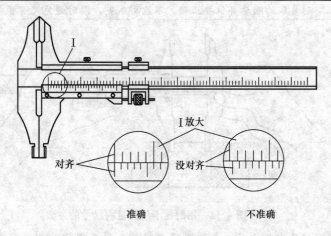

I放大

对齐　　　没对齐

准确　　　　　　不准确

图 4 - 6　游标卡尺的校对

说明：使用游标卡尺前先擦净测量爪的测量面，将测量爪合拢，检查游标零线是否与尺身零线对齐。对齐，游标卡尺准确；不对齐，测量数值不准确，游标卡尺使用前必须进行校正。

2. 游标卡尺的使用

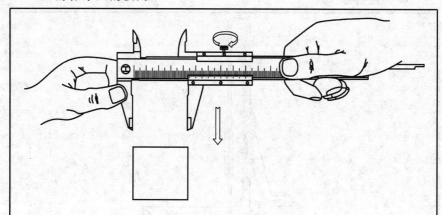

图 4-7 使用游标卡尺的注意事项

说明：使用游标卡尺时不准将游标卡尺的制动螺钉锁紧后，卡入工件进行测量，将游标卡尺当卡规或塞规使用；严禁将游标卡尺当划规使用，用测量爪的尖部划线，以免损坏测量爪。

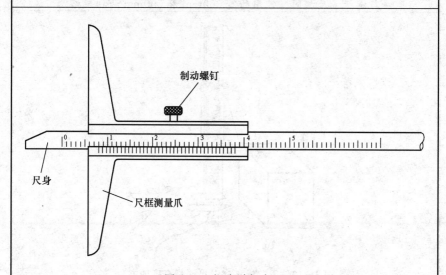

图 4-8 深度游标卡尺

说明：深度游标卡尺主要用来测量孔的深度、台阶的高度和槽的深度，原理与游标卡尺相同。

3. 其他游标卡尺

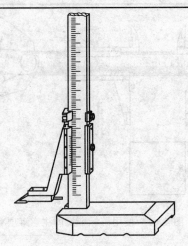

图 4 - 9　游标高度卡尺

说明： 游标高度卡尺主要用来测量工件的高度或进行精密划线，读数方法与游标卡尺相同。常用的有 300mm 和 500mm 两种规格。

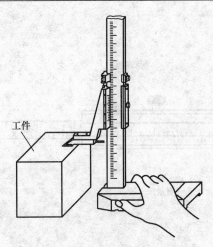

工件

图 4 - 10　用游标高度卡尺测量高度的方法

说明： 用游标高度卡尺测量高度时，先将工件的测量基准和游标高度卡尺同时放在平台上，然后轻按游标尺，使划线量爪工作面与被测面贴合，游标高度卡尺的读数值即为所测工件的高度值。

3. 其他游标卡尺

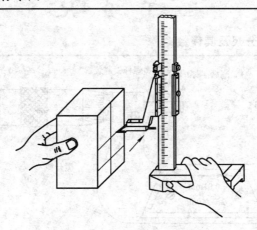

图 4-11　用游标高度卡尺划线的方法

说明：用游标高度卡尺划线时，先调整高度游标卡尺，使其读数与划线
　　　　的尺寸相同，锁紧制动螺钉，然后将待划线工件的基准面与游标
　　　　高度卡尺共同置于划线平台上，用划线量爪前端的合金在工件上
　　　　划出位置线。

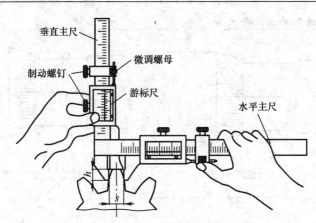

图 4-12　游标齿厚卡尺

说明：游标齿厚卡尺由两根互相垂直的主尺和游标尺组成，可用来测量
　　　　齿轮、齿条或蜗杆的弦齿厚。其原理和读数方法与游标卡尺相同。
　　　　测量时，先把垂直主尺调整到 h 高度，并靠在齿顶上，然后由水
　　　　平主尺测得 s 值尺寸。

二、千 分 尺

1. 外径千分尺及其读数

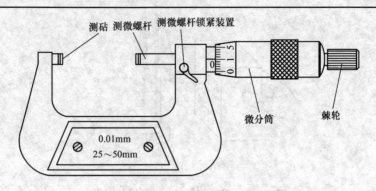

测砧　测微螺杆　测微螺杆锁紧装置

微分筒　　棘轮

0.01mm
25～50mm

图 4-13　外径千分尺

说明： 外径千分尺主要用于测量精密工件的外径、厚度和长度尺寸，分度值为 0.01mm。其规格从零开始，每增加 25mm 为一种规格，如 0～25mm，25～50mm，50～75mm，…，500mm 以上每增加 100mm 为一种规格，直至 1 000mm。使用时根据工件的大小选择合适的外径千分尺。

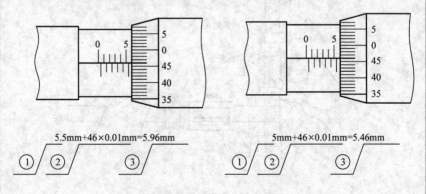

5.5mm+46×0.01mm=5.96mm　　　　5mm+46×0.01mm=5.46mm

①　②　③　　　　①　②　③

图 4-14　外径千分尺的读数方法

说明： 千分尺的读数分三步：①读出固定套管上的尺寸（5.5mm 和 5mm）；②将微分筒与固定套管上基准线对齐的格数（46）与分度值（0.01mm）相乘；③将前两步尺寸相加，即得测得的尺寸值（5.96mm 和 5.46mm）。

2. 外径千分尺的使用

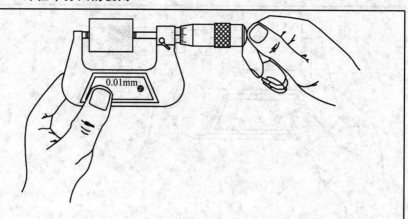

图 4-15　用双手使用外径千分尺的握尺方法

说明：用双手操作外径千分尺的方法：一只手握住尺架端平，放入被测部位，用另一只手旋转微分筒和棘轮。这是较广泛使用的一种操作方法。

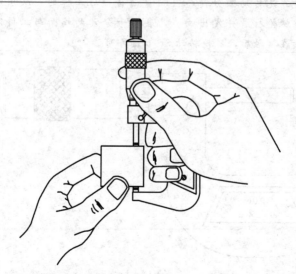

图 4-16　用单手使用外径千分尺的握尺方法

说明：对于较小的工件可采用单手操作外径千分尺，即用大拇指和食指捏住微分筒，小指勾住尺架并压向手心，另一只手拿住工件测量即可。

3. 外径千分尺的校正

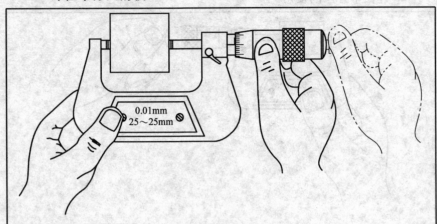

图 4-17　外径千分尺的测量方法

说明： 用外径千分尺测量时，外径千分尺要放正，不可歪斜，并且使测微螺杆的整个测量面与被测件表面接触，不要只用测量面的边缘测量。先转动微分筒，当测量面将接近工件时，改用旋转棘轮，直到棘轮打滑并发出响声，表明千分尺两端面与工件刚好贴合。一般在接触后，棘轮转动3～5圈即可。

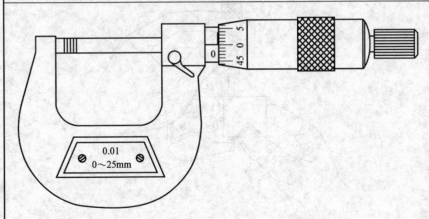

图 4-18　0～25mm 外径千分尺的校正方法

说明： 按外径千分尺的测量方法，将测砧和测微螺杆的工作面相互贴合，看微分筒上的零线是否与固定套管上的轴向基准线对齐，若对齐，则尺准确，若不对齐，则尺不准，待调整后再使用。

3. 外径千分尺的校正

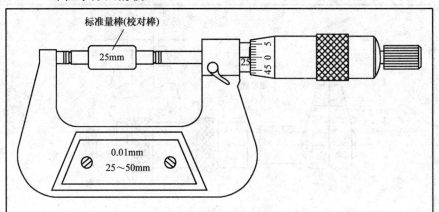

图 4-19 25～50mm 以上外径千分尺的校正方法

说明：将相应的标准量棒（校对棒）放到测砧和测微螺杆之间，按测量方法旋合，看微分筒上的零线是否与固定套管上的轴向基准线对齐，若没有标准量棒，也可用标准量块代替校验。

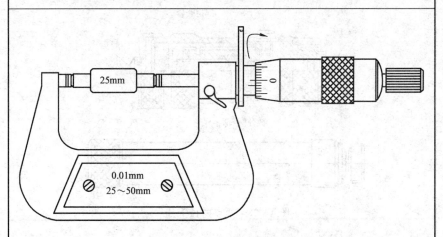

图 4-20 外径千分尺的调整方法

说明：将相应的标准量棒（校对棒）放到测砧和测微螺杆之间，按测量方法旋合，看微分筒上的零线是否与固定套管上的轴向基准线对齐，如不对齐，可使用勾头扳手勾住固定套管上的小圆孔进行调整，使微分筒上的零线与固定套管上的轴向基准线对齐即可。

4. 其他千分尺

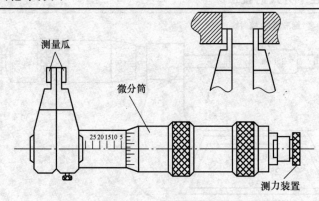

测量瓜

微分筒

25 20 15 10 5

测力装置

图 4-21　内径千分尺

说明：普通内径千分尺主要用于测量精密小孔径的内径及窄槽的槽宽尺
寸，读数方法与外径千分尺相同，但示值方向相反，顺时针旋转
微分筒时，测量瓜外移，被测尺寸增大。

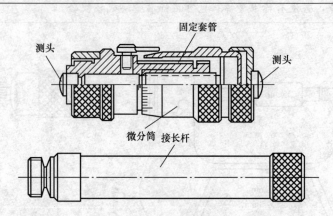

固定套管

测头

测头

微分筒　接长杆

图 4-22　两点内径千分尺

说明：两点内径千分尺由测头和接长杆两部分组成，适用于测量较大孔
径或槽宽。接长杆的使用，增加了尺的测量范围；成套的两点内
径千分尺和接长杆可测至 1 500mm，但使用接长杆测量时，接头
必须旋紧，否则影响准确性。

4. 其他千分尺

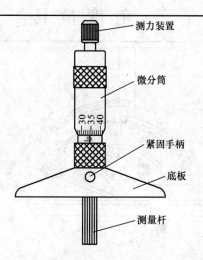

图 4-23　深度千分尺

说明： 深度千分尺用于测量精度要求较高的孔深、槽深和台阶高度等尺寸，测量杆的规格有 0～25mm、25～50mm、50～75mm、75～100mm 等几种，可根据被测尺寸的大小选用合适的测量杆旋入尺架。

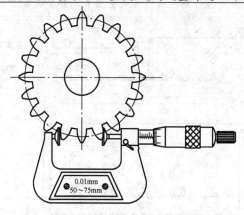

图 4-24　公法线千分尺

说明： 公法线千分尺是一种专用量具，主要用于测量模数等于或大于 1mm 的齿轮，不超过 IT7 的正齿轮或螺旋齿轮公法线长度，在齿轮加工和检验中应用较多，其测量方法与外径千分尺的唯一区别是两个测量面是两个相互平行的圆盘（也有做成扇形的）。

三、角度量具

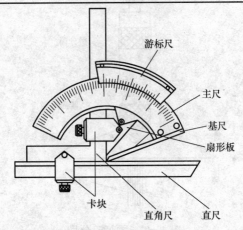

图 4-25　游标万能角度尺

说明： 游标万能角度尺用于测量工件的内、外角度的量具，测量范围为 0°～
320°。游标万能角度尺的读数方法与游标卡尺的读数方法相同，游标
尺沿主尺圆周转动并可用锁紧装置锁紧，分度值有 2′ 和 5′ 两种。

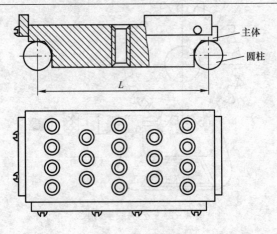

图 4-26　正弦规

说明： 正弦规是测量角度的一种精密量具，由一组准确长方体主体和两
个精密圆柱组成。两个圆柱直径相同，中心距 L 要求很精确，一
般有 100mm 和 200mm 两种规格。

四、指示表及其使用

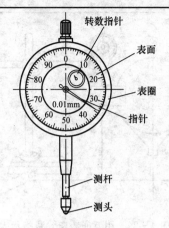

图 4-27 指示表

说明： 指示表是一种指示式精密量仪，主要用于测量和检验工件尺寸及形状的微量偏差，以及找正夹具或工件对机床的相对位置。分度值为 0.01mm，读数指示清楚，使用方便可靠，是铣工常用的一种量仪。

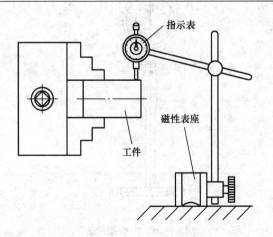

图 4-28 用磁性表座安装指示表

说明： 将指示表固定在磁性表座上，磁性表座可以直接吸附在工作台台面上；也可在导轨面上固定表架，测量时表架不动，工件动。

四、指示表及其使用

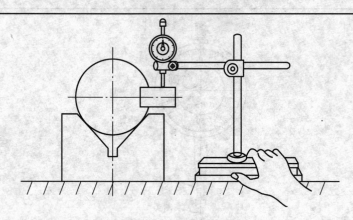

图 4-29　用万能表座安装指示表

说明： 将指示表固定在万能表座上，万能表座可在工作台台面或测量平
台上移动，并可带动指示表测头在工件上移动，测量出要测的数
值，从而得出测量结果。测量时工件不动，表座带动指示表动。

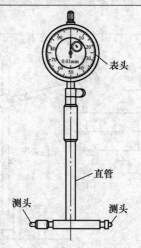

图 4-30　内径指示表

说明： 内径指示表由表头和直管、测头等组成，主要用于测量精度要求
较高的内孔直径或直角沟槽的宽度。表头一般为指示表，直管内
装有杠杆等机构。

四、指示表及其使用

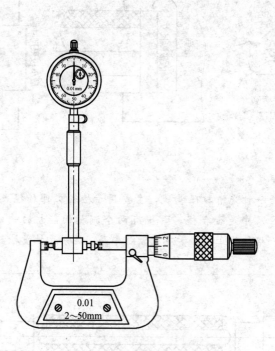

图 4-31　内径指示表的校正

说明：校正时，选择合适的千分尺并将其调整到测量值后锁紧，将内径
　　　指示表的测头伸入千分尺的两测量面间，使之与测头相接触，若
　　　表针指向"0"位，则指示表准确；若表针不在"0"位，则指示
　　　表不准，调整表盘重新对正"0"位即可。

五、其他常用量具

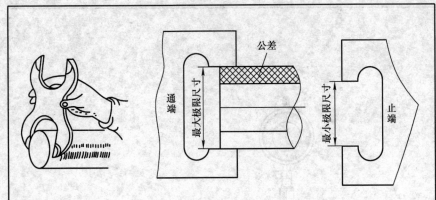

图 4-32　卡规

说明：卡规是一种光滑极限量规，主要用于检验工件轴径或凸键的宽度
　　　等外径尺寸是否合格，卡规有两个测量面，大的一端称为通端，
　　　小的一端称为止端。卡规测量效率高，适用于批量检测。

图 4-33　塞规

说明：塞规是用于检测工件的内径尺寸是否合格的量具；塞规一般是按
　　　检测尺寸的偏差值自行加工的，适用于批量检测，效率高。塞规
　　　与卡规一样也有两个测量面——通端 DT 和止端 DZ，通端是按被
　　　测件的下极限尺寸来制造的；止端是按被测工件的上极限尺寸制
　　　造的。

五、其他常用量具

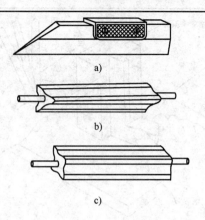

a)

b)

c)

图 4-34 刃口形直尺

说明：刃口形直尺主要用于检验平面的直线度和平面度。根据形状不同
有刀口尺（图 4-34a）、三棱尺（图 4-34b）、四棱尺（图 4-34c）
三种，每一个棱边都有较高的直线度，用于检测用。

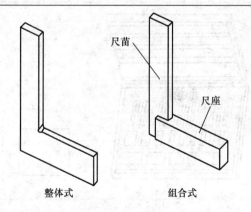

尺苗

尺座

整体式   组合式

图 4-35 90°角尺

说明：90°角尺又称为直角尺，是用于检查或测量工件内外直角的测量工
具，有整体式和组合式两种，如图 4-35 所示。整体式是用整块金
属制成的；组合式是由尺座和尺苗两部分组成的，长而薄的一边
称为尺苗（长边），短而厚的一边称为尺座（短边）。

五、其他常用量具

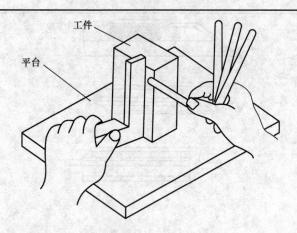

图 4-36　塞尺

说明： 塞尺是由一些不同厚度的薄钢片组成的一套测量工具，每一片上都标有厚度尺寸，主要用来测量两个结合面之间的间隙大小。将适当厚度的塞尺插入待测间隙内，可测间隙的大小是否合格。

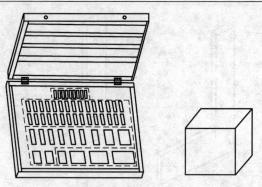

图 4-37　量块

说明： 量块是一种精密的量具，主要用于长度标准来检查、鉴定其他量具的准确性，也可直接用比较法对工件进行精密测量。它是由不易变形的耐磨材料铬锰钢制成的长方形正六面体，每块都有一对相互平行且表面质量很好的测量平面和四个非测量平面，一套有46块或83块不等。

第五章 铣 平 面

一、平 面 概 述

1. 平面的概念

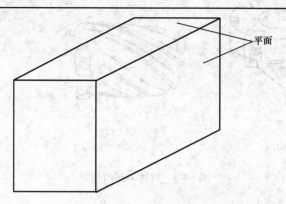

图 5-1 平面的概念

说明： 平面是指在各个方向上都成直线的面，平面是构成机械零件的基本表面。

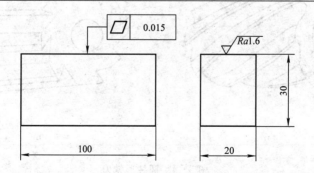

图 5-2 平面质量的表示方法

说明： 平面质量的好坏主要以平面的平整程度和表面的粗糙程度两个方面来衡量，在图样上由几何公差中的表面粗糙度（$Ra1.6\mu m$）和平面度（0.015mm）来标记。

2. 用铣刀铣平面

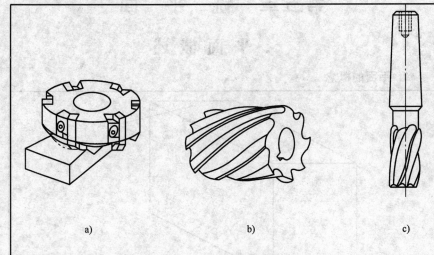

a)　　　　　　　　b)　　　　　　　　c)

图 5 - 3　可铣平面的铣刀

说明：用铣刀铣平面的刀具主要有面铣刀（图 5 - 3a）和圆柱形铣刀（图
5 - 3 b），有时也用立铣刀（图 5 - 3c）铣小平面。

a)　　　　　　　　　　　　　　　b)

图 5 - 4　圆柱形铣刀

说明：圆柱形铣刀刀齿分布在圆柱表面上，根据刀齿与轴线间的关系，
圆柱铣刀分为螺旋齿圆柱铣刀（图 5 - 4a）和直齿圆柱铣刀（图
5 - 4b）两种。生产中多选用螺旋齿圆柱铣刀。

2. 用铣刀铣平面

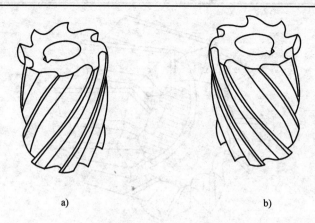

a)　　　　　　　　　　　b)

图 5-5　螺旋齿圆柱铣刀旋向的判定

说明： 螺旋齿圆柱铣刀有左旋和右旋两种。判定方法：将铣刀直立放置在平台上，用目测法，若铣刀刀齿向右倾斜，称为右旋铣刀（图5-5a）。若铣刀刀齿向左倾斜，则称为左旋铣刀（图5-5b）。生产中右旋铣刀应用较广泛。

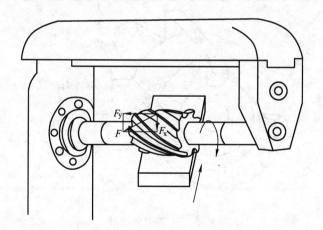

图 5-6　圆柱形铣刀的使用要求

说明： 铣刀刀齿的刃口方向与主轴旋转方向一致，即铣刀前刀面朝向工件，保证铣刀正常铣削，并使铣刀在切削过程中所产生的进给力 F_y 沿铣刀杆指向主轴，把铣刀推向主轴方向，防止产生振动。

2. 用铣刀铣平面

图 5-7　套式面铣刀

说明： 套式面铣刀呈套式圆柱体，圆周面和端面上均有刀齿，直径一般在 $\phi63\sim\phi100$mm 范围内，由高速工具钢材料制成，适用于铣削平面尺寸不大的工件。

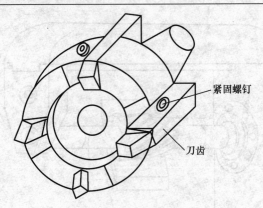

紧固螺钉

刀齿

图 5-8　镶齿面铣刀

说明： 镶齿面铣刀上镶有硬质合金刀片，分布在刀体端面上，直径一般达 $\phi75\sim\phi300$mm，主要用于高速铣削大平面，生产率较高，应用比较广泛。

2. 用铣刀铣平面

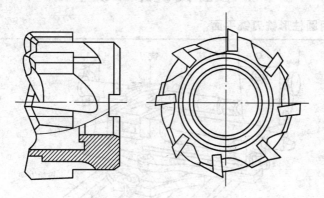

图 5-9　硬质合金不重磨面铣刀

说明：硬质合金不重磨面铣刀已系列化和标准化，使用方便，提高生产
率，生产中已广泛使用。

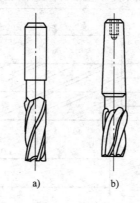

a)　　　　　b)

图 5-10　立铣刀

说明：立铣刀圆周面和端面上均有刀齿，既可进行周铣也可进行端面铣
削，根据刀柄的形状，立铣刀有直柄（图 5-10a）和锥柄（图 5-
10b）两种。直柄立铣刀直径为 $\phi3\sim\phi20$mm，锥柄立铣刀直径为
$\phi14\sim\phi50$mm。

二、在卧式铣床上铣平面

1. 用圆柱形铣刀铣平面

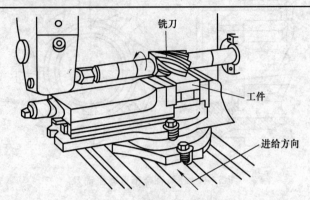

图 5-11　用圆柱形铣刀铣平面

说明： 在卧式铣床上安装圆柱形铣刀用周铣法铣平面，铣出的平面与工作台台面平行。适用于铣削中小型平面，是常用的平面铣削方法之一。

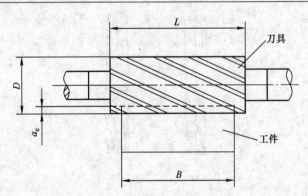

图 5-12　圆柱形铣刀尺寸的选择

说明： 圆柱形铣刀主要选择其宽度和直径。铣刀的宽度要大于被加工平面的宽度，避免产生接刀痕；铣刀的直径取决于吃刀量或铣削宽度，吃刀量或铣削宽度越大，直径选得应较大，但直径过大会加大铣刀的行程距离，降低生产率，一般取 $D=(11\sim14)a_e$，其中 D 为铣刀直径，a_e 为侧吃刀量。

1. 用圆柱形铣刀铣平面

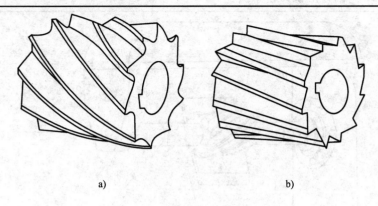

a)   b)

图 5 - 13　圆柱形铣刀齿数的选择

说明：圆柱形铣刀按齿数分为粗齿铣刀（图 5 - 13a）和细齿铣刀（图 5 - 13b）。铣刀齿数根据工件材料和加工要求进行选择，一般铣削弹塑性材料或粗加工时，选用粗齿铣刀；铣削脆性材料或半精加工、精加工时，选用中、细齿铣刀。

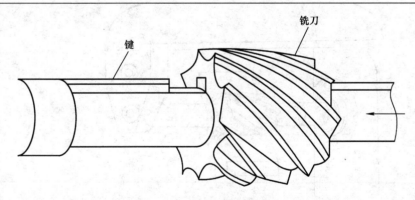

图 5 - 14　圆柱形铣刀的安装

说明：安装圆柱形铣刀时，铣刀应尽量靠近主轴端部或挂架安装。若铣削力很大、切削工件强度高或铣削面较宽，应在铣刀和铣刀杆之间安装定位键，以提高铣刀的刚性，防止铣刀在铣削中产生松动。

1. 用圆柱形铣刀铣平面

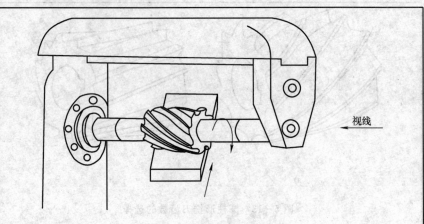

视线

图 5-15　右旋铣刀的正装

说明：右旋铣刀装刀时，从挂架一端观察，应使铣刀按顺时针方向旋转
　　　铣削。

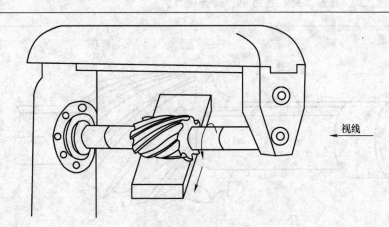

视线

图 5-16　左旋铣刀的正装

说明：左旋铣刀装刀时，从挂架一端观察，应使铣刀按逆时针方向旋转
　　　铣削。

1. 用圆柱形铣刀铣平面

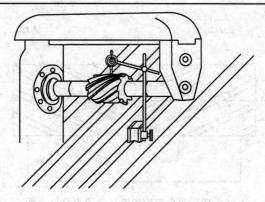

图 5-17　圆柱形铣刀径向圆跳动误差的检测

说明：检测圆柱形铣刀径向圆跳动误差时，将指示表置于工作台台面上，并使指示表的测头与铣刀圆周的刀齿切削刃接触，慢慢反转铣刀，观察指示表在各刀齿切削刃处的读数，最高点的最大读数值与最低点的最小读数值之差，就是铣刀的径向圆跳动误差。一般这个误差不得超过 0.03mm。

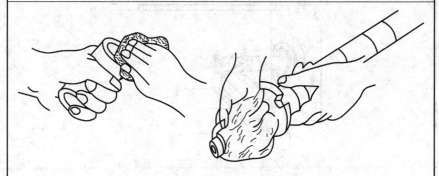

图 5-18　圆柱形铣刀安装的注意事项

说明：铣刀安装前必须将铣刀、铣刀杆和垫圈都擦干净，尤其是垫圈的端面要擦净，以防止留下的杂物引起铣刀高速旋转时产生窜动，影响加工质量。

2. 用立铣刀铣平面

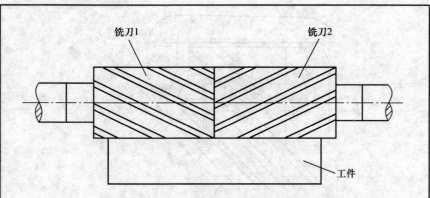

铣刀1 铣刀2

工件

图 5-19　两把螺旋齿圆柱铣刀组合铣平面

说明：将两把螺旋角相等而旋向相反的螺旋齿圆柱形铣刀成对安装一起
铣平面，使进给力相互靠拢，大小相等，方向相反，相互抵消。
适用于铣削宽度较大的平面，但由于铣削宽度较大，铣削速度要
调低些，一般为 30～40m/min。

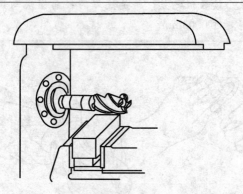

图 5-20　在卧式铣床上用立铣刀铣平面

说明：在卧式铣床主轴孔内安装立铣刀，铣出的平面与工作台台面平行。
由于立铣刀的强度较低，易产生振动，铣削时要选择较小的铣削
用量，效率低，适用于小件且余量较小工件的铣削。由于立铣刀
长度较短，安装时，工件尽量靠近铣床主轴一侧，使立铣刀切削
点悬出不太长，减少振动。

2. 用立铣刀铣平面

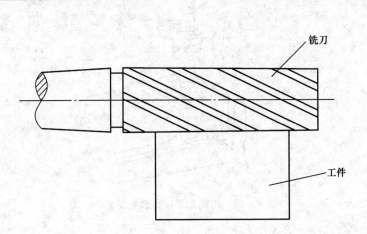

图 5-21　立铣刀的选择

说明：用立铣刀周铣加工平面时，铣刀的长度应大于工件待加工表面的
宽度，直径则在允许的条件下尽量选择大些，以增加铣刀的强度。

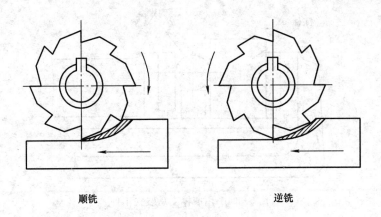

顺铣　　　　　　　　　　逆铣

图 5-22　铣削方式的选择

说明：由于顺铣时的不稳定（顺铣的切削力易使工作台发生窜动），周铣
时一般不采用顺铣法，多选用逆铣方式进行铣削。

3. 工件的装夹

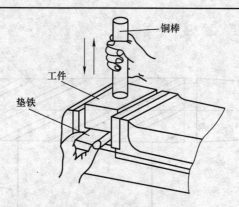

图 5-23　用机用平口钳装夹工件

说明：用机用平口钳装夹工件时，将工件的基准面紧贴固定钳口，同时
　　　　保证工件的加工面高出钳口上平面，若工件高度低于钳口平面，
　　　　可在工件下面垫上适当厚度的平行垫铁夹紧。为使工件紧密靠在
　　　　平行垫铁上，夹紧时可用铜棒或木棒敲击工件上表面。

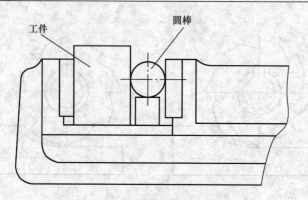

图 5-24　用圆棒支承装夹工件

说明：当工件的已加工基准面紧贴于固定钳口平面后，而与活动钳口相
　　　　接触的是高低不平的毛坯面或带斜面的表面，则要在活动钳口面
　　　　与工件表面间增添一根圆棒或一块板支承，使工件装夹稳固，保
　　　　证工件的铣削精度。

3. 工件的装夹

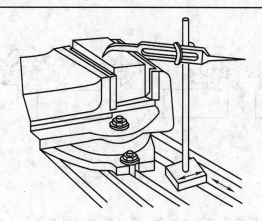

图 5-25　用划针找正工件上表面的加工余量

说明： 将划针盘放在工作台台面上，移动划针盘，观察划针尖端与工件
上表面之间的缝隙大小，当工件上表面各处缝隙都均匀时，工件
安装位置则正确，否则需要重新安装。

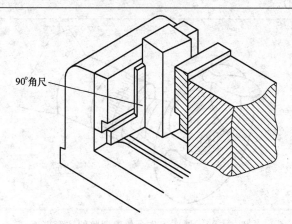

90°角尺

图 5-26　用 90°角尺找正工件

说明： 用机用平口钳装夹工件时，为了防止工件在装夹时顺着钳口方向
倾斜，装夹时可用 90°角尺长边靠紧工件定位面和导轨平面对工件
进行找正。

4. 工件的对刀

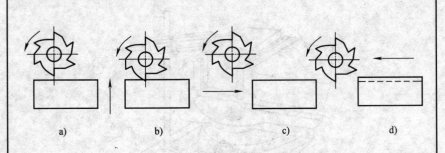

a)　　　　　　b)　　　　　　c)　　　　　　d)

图 5 - 27　对刀方法

说明：周铣时铣刀的对刀分四步：第一步起动铣床主轴，摇动工作台手
　　　柄，将工件置于铣刀的下方（图 5 - 27a）；第二步慢慢摇动升降台
　　　手柄，使铣刀轻轻擦到工件的上表面（图 5 - 27b）；第三步操纵工
　　　件台纵向控制手柄，将工件台沿纵向退出工件（图 5 - 27c）；第四
　　　步摇动工作台升降手柄，按照选定的铣削深度升高工作台（图 5 -
　　　27d）。

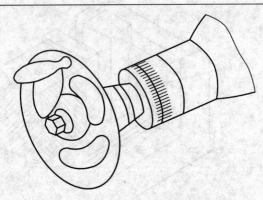

图 5 - 28　铣床工作台位置调整的注意事项

说明：当用手柄转动刻度盘时，如果不小心把刻度盘多转了一些，要反
　　　转刻度盘时，仅仅把刻度盘退到原来的刻度线上是不对的，需再
　　　把手柄倒转一圈左右，再重新仔细地将刻度线转到原定位置上。

5. 工作台的位置调整与铣削

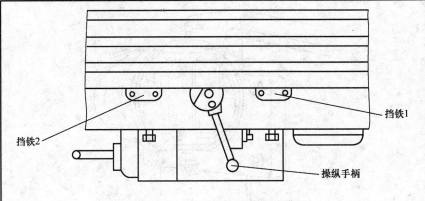

图 5 - 29 自动进给挡铁的调整

说明： 将工作台前侧面槽内（纵向进给方向）的两自动进给挡铁（挡铁 1
和挡铁 2）安置在与工作行程起止相适应的位置处，并使横向进给
和垂直进给的自动挡铁放在工作台最大行程位置上。禁止让两块
挡铁在操纵手柄的一边。

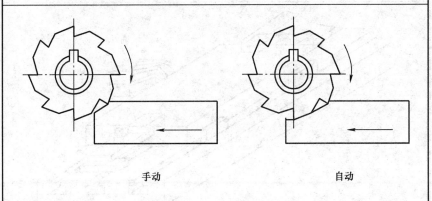

手动   自动

图 5 - 30 平面的铣削过程

说明： 调整好铣刀的位置后，锁紧升降台和横向进给，起动主轴，先用
手动进给，使铣刀接触到工件，再转换到自动进给，对加工面进
行自动铣削。

6. 用面铣刀铣平面

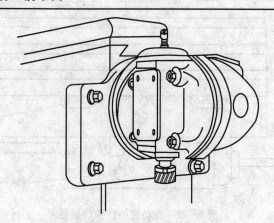

图 5-31　安装万能铣头铣平面

说明： 将万能铣头安装在卧式铣床主轴前端的垂直导轨上，再用套式面铣刀对工件平面进行铣削。由于万能铣头上小铣头主轴的轴颈较细，此法只能使用小直径面铣刀选择较小铣削用量进行轻度铣削。

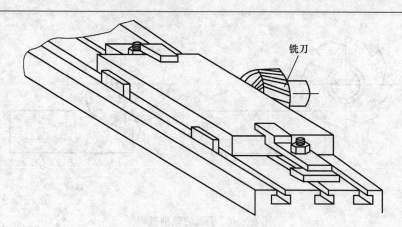

铣刀

图 5-32　用面铣刀铣平面

说明： 在卧式铣床上采用主轴前端安装面铣刀，铣出的平面与铣床工作台台面垂直，适用于平面尺寸较大工件的铣削。

6. 用面铣刀铣平面

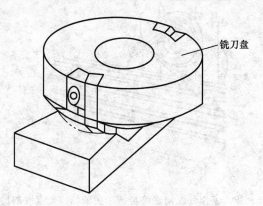

图 5-33　安装铣刀盘铣平面

说明：在铣床主轴孔上安装铣刀盘，再将铣刀头放入铣刀盘的长槽内，
　　　　紧固即可铣削。铣刀盘可根据铣削需要自制，但为了达到一次走
　　　　刀完成全部铣削，两铣刀头间的距离要大于加工面的宽度。

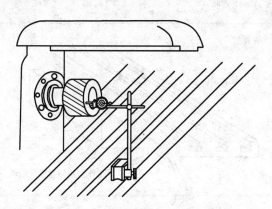

图 5-34　铣刀轴向圆跳动误差的检测

说明：用面铣刀铣削平面时，铣刀的轴向圆跳动误差不得超过 0.02mm。
　　　　检测方法与圆柱形铣刀径向圆跳动误差的检测方法相同，只是将
　　　　指示表测量头接触在面铣刀的端面齿刃上。

6. 用面铣刀铣平面

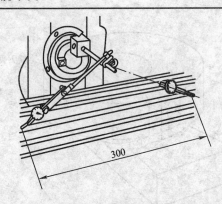

图 5-35　工作台纵向进给与铣床主轴轴线垂直度的检测

说明： 将主轴转速调至最高，断开主轴电源，将磁性表座吸附在铣床主轴端面上，安装指示表，并使指示表测量头与工作台中央 T 形槽的测量面接触，再将指示表调到"0"点。慢慢转动主轴，读出指示表指针的变化量，若在工作台 300mm 内误差不超过 0.02mm，则满足使用要求。

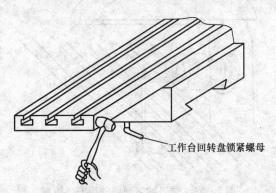

工作台回转盘锁紧螺母

图 5-36　工作台纵向进给与铣床主轴轴线垂直的调整

说明： 松开工作台回转盘锁紧螺母，用木锤敲击工作台端部，使工作台在 300mm 内误差不超过 0.02mm，紧固锁紧螺母，再进行一次复验，防止锁紧时工作台变动。

三、在立式铣床上铣平面

1. 铣削方法及铣刀的选择

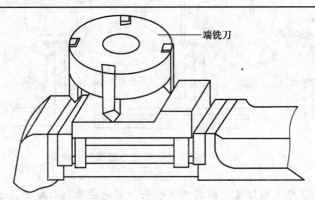

图 5-37 用面铣刀铣平面

说明： 在立式铣床上用面铣刀铣平面，铣出的平面与铣床工作台台面平行。立式铣床主轴轴颈粗，刚性好，切削平稳，可采用大的铣削用量进行重力铣削，铣削效率高，应用较广泛。

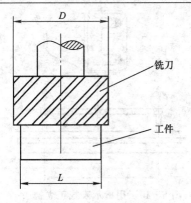

图 5-38 面铣刀的选择

说明： 面铣刀主要选择铣刀的直径，铣刀的直径一般应尽可能大于待加工件表面的宽度，使整个加工面宽度一次走刀完成铣削，减少走刀次数，节省铣削时间。

2. 立铣头的调整

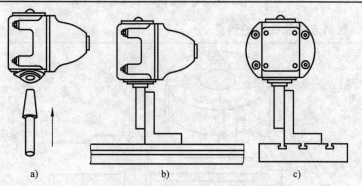

图 5-39　用 90°角尺和锥度心轴找正立铣头

说明：用 90°角尺和锥度心轴找正立铣头：首先将锥柄心轴插入立铣床主
　　　　轴锥孔（图 5-39a），再将 90°角尺短边底面贴在工作台台面上（图
　　　　5-39b、c），用长边外侧测量面靠向心轴圆柱表面，观察两接触面
　　　　间的间隙是否均匀，均匀则立铣头主轴轴线与工作台台面垂直，否
　　　　则不垂直。测量时，应对工作台进给方向的平行方向（图 5-39b）
　　　　和垂直方向（图 5-39c）都进行找正。

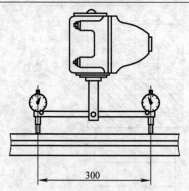

300

图 5-40　用指示表找正立铣头

说明：将主轴转速调至最高，断开主轴电源；将角形表杆固定在立铣头
　　　　主轴上，安装指示表，并使指示表测量头与工作台台面垂直接触，
　　　　将表的指针调至 0 点；然后将立铣头扳转 180°，观察指示表的读
　　　　数，若表的读数差值在 300mm 内不大于 0.02mm，则符合要求。

2. 立铣头的调整

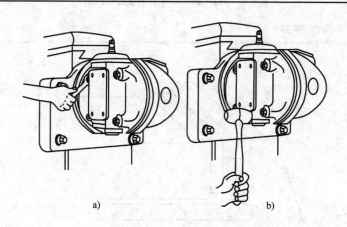

a)   b)

图 5-41   立铣头位置的调整方法

说明：松开立铣头紧固螺母（图 5-41a），用木锤敲击立铣头端部（图 5-41b），使指示表的读数差值在 300mm 内不超过 0.02mm，锁紧紧固螺母，再进行校验一次，防止锁紧时工作台发生变动。

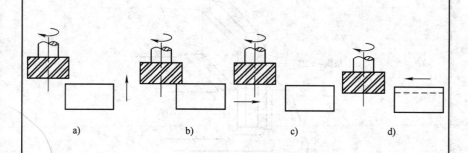

a)   b)   c)   d)

图 5-42   面铣刀的对刀方法

说明：面铣刀对刀方法与周铣法的对刀方法相同。

四、薄壁工件的铣削

1. 工件的装夹

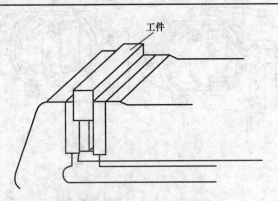

图 5-43　机用平口钳夹持条形工件的方法

说明： 薄壁工件由于强度低，若装夹不当，夹紧力将使工件变形，影响加工质量。为防止工件变形，装夹时要注意装夹的方向，尽量夹持长度方向，避免工件在夹紧力作用下向里收缩。

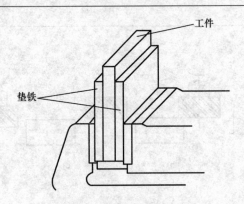

图 5-44　用机用平口钳装夹较薄较高工件的方法

说明： 装夹薄而高工件时，可在工件两边各附上适当厚度和高度的垫铁，以增加装夹的稳固性，防止铣削时振动和产生铣削变形。

1. 工件的装夹

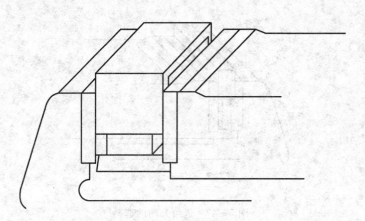

图 5-45　用机用平口钳装夹中空工件的方法

说明：对于槽形中空零件，为防止工件铣削时受夹紧力的影响向里收缩
而产生变形，可将槽对着钳口方向装夹铣削。

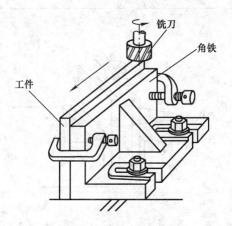

图 5-46　在角铁上装夹工件

说明：在角铁上装夹工件适用于装夹面积大而薄的工件，装夹较方便。
当采用端铣时，必须使切削力指向角铁，以免工件产生振动。

1. 工件的装夹

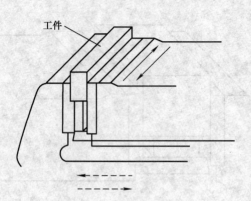

图 5-47 进给方向的选择

说明：铣削薄壁板工件侧面时，按实线箭头方向进给，工件不易产生变形；若选择不当，按虚线箭头方向进给，则会由于切削力的作用使工件产生变形。

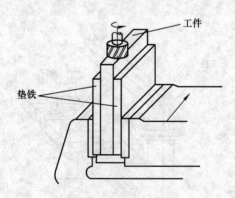

图 5-48 铣削方式的选择

说明：对于不易夹紧的薄而长的工件，一般采用顺铣，选择机床工作台有丝杠螺母间隙调整机构的机床。

2. 刀具与切削用量的选择

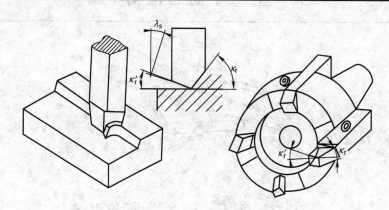

图 5-49　面铣刀几何角度的选择

说明：采用较小的主偏角和绝对值较大的负刃倾角面铣刀铣削较大薄板
　　　工件，可获得向下垂直的铣削力，防止工件在铣削力的作用下产
　　　生变形、窜动和扭动。

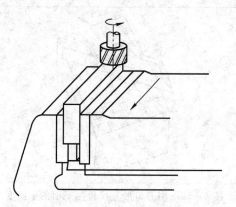

图 5-50　进给量的选择

说明：对于薄壁工件的铣削加工，为了防止工件变形，可选择较小的进
　　　给量，减小铣削力。

五、平面的检测

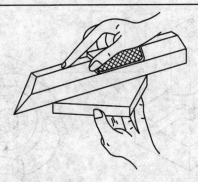

图 5-51　用刀口形直尺检测平面的直线度

说明：将刀口形直尺搁在被测平面的测量方向上，并轻微摆动刀口形直尺，目测刀口与平面之间的透光情况。若透光均匀，则平面度好。若没有刀口形直尺，可用金属直尺或游标卡尺尺身代替刀口形直尺。

图 5-52　用刀口形直尺检测平面的平面度

说明：将刀口形直尺置于平面上观察刀口与平面间的缝隙，检验平面度时，要多次检测不同的位置，不但要在平行于工件棱边的方向检验，而且要沿对角线方向检验。

五、平面的检测

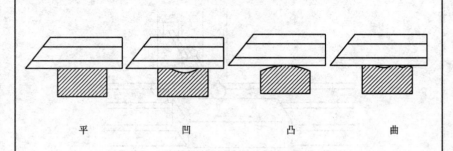

平 凹 凸 曲

图 5-53 用刀口形直尺检验平面的几种情况

说明：用刀口形直尺的测量面紧靠工件表面上，然后观察工件表面与平尺之间的透光缝隙大小，就可判断出工件表面是否平直，但要求光源必须明亮而均匀，检测情况如图 5-53 所示。

图 5-54 用刀口形直尺和塞尺测量平面度和直线度误差值

说明：将刀口形直尺与被测平面接触后，用塞尺塞入两者之间的缝隙中，其中最大缝隙处的塞尺的尺寸和，即为被测工件的平面度或直线度误差值。

五、平面的检测

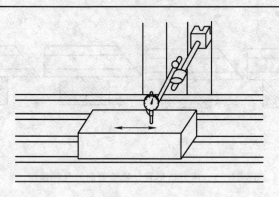

图 5-55 用指示表测量平面的直线度

说明：将工件放在工作台台面上，并使被测方向与工作台移动方向一致，
再将指示表固定在铣床垂直导轨上，使指示表的测量头接触被测
量处，移动工作台，从指示表读数的变化可得出所测棱边或某线
段的直线度误差。

图 5-56 用涂色研磨法测量平面的平面度

说明：先在标准样板或平板表面涂上一层显示颜色（红丹粉或蓝油）；再
将工件被测表面与标准平面接触，来回拖动研磨；最后根据工件
表面着色点的分布程度来判定平面的平面度。着色均匀，平面度
好；着色不均匀则平面度不好。

五、平面的检测

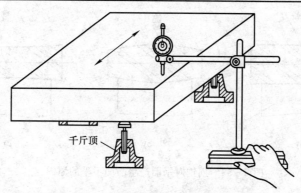

图 5-57　用指示表测量平面的平面度

说明：将被测工件在平台上用三个千斤顶平稳顶住，用指示表测量三顶
尖附近平面的高度，通过调整顶尖，使顶尖处的高度相等，然后
以此高度为准，对平面上的其他部分进行比较测量，从表盘上读
出平面度的偏差，测量精度比较高。

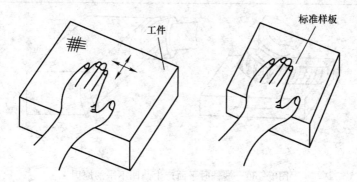

图 5-58　用比较法测量表面粗糙度值

说明：用目测法、用手抚摸或用指甲在表面上轻轻划动时的感觉，来判
断工件平面与标准样板的对比，从而确定工件的表面粗糙度。若
没有标准样板，也可用已经测定的合格表面为基准，用比较法来
检测被测工件。

六、平面的质量分析

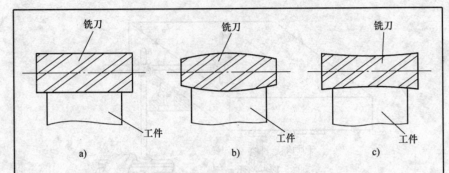

图 5-59　周铣时平面产生凸凹不平的原因

说明：铣刀的圆柱度会影响平面的质量，即铣刀圆柱度好，则铣出的平面就平整（图 5-59a）；若铣刀圆柱度不好，则铣出的平面就会凸凹不平。铣刀中间大、两端小，则铣出的平面成中间凹下（图 5-59b）；铣刀中间小、两端大，则铣出的平面成中间凸起（图 5-59c）。

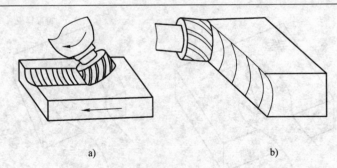

图 5-60　端铣时平面产生凸凹不平的原因

说明：端铣时平面产生凸凹不平的原因是由于主轴与进给方向不垂直造成的。在立式铣床上端铣平面，主轴与工作台台面不垂直（图 5-60a）；在卧式铣床上端铣时，工作台回转盘"0"位不对，纵向进给铣削时就会铣出一个中间低、两面高的凹面（图 5-60b）。

六、平面的质量分析

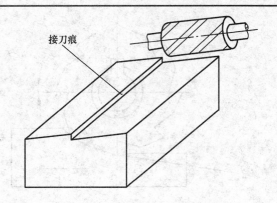

图 5-61 接刀痕产生的原因

说明：产生接刀痕的原因通常是因为机床精度较差或调整不当以及铣刀
圆柱度不好等原因造成的。如用圆柱形铣刀采用接刀法加工平面，
由于卧式铣床的主轴与横向工作台导轨面不平行，铣出的平面就
会产生明显的接刀痕。

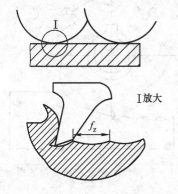

图 5-62 进给量对表面粗糙度的影响

说明：每齿进给量 f_z 过大，切痕间距大，使加工表面出现明显的波纹，
影响被加工表面的表面粗糙度。

六、平面的质量分析

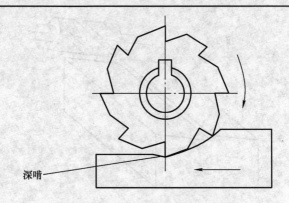

深啃

图 5-63 产生"深啃"现象的原因

说明："深啃"现象产生的原因主要有两点：一是铣削中途停顿；二是采用顺铣时，工作台突然前窜。

积屑瘤

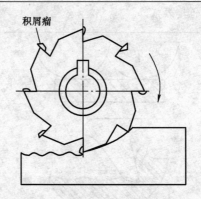

图 5-64 积屑瘤对表面质量的影响

说明：用铣刀铣削工件时，在刀齿的刀尖处粘附着一小块金属，既硬又很难去掉，从而影响被加工表面的表面粗糙度。加工时要及时用油石去掉积屑瘤或采用较高或低的铣削速度，防止积屑瘤的产生。

第六章 铣连接面

一、概 述

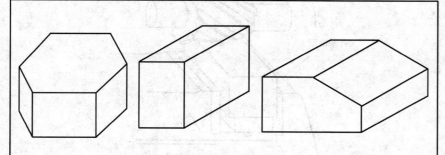

图 6-1 连接面

说明：连接面是指相互平行或互相交接的不在同一平面上的零件表面；
连接面的各表面的位置关系可以是互相平行或互相垂直或者形成
任意的倾斜角。

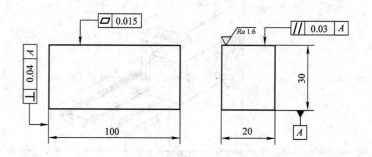

图 6-2 连接面的加工工艺要求

说明：连接面的尺寸精度、平面度和表面粗糙度要求与平面要求是一样
的，另外，连接面还要保证其相对基准面的位置精度，如垂直度
（0.04mm）、平行度（0.03mm）等。

二、铣垂直面

1. 在铣床上铣垂直面

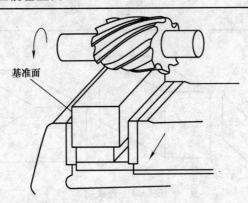

基准面

图 6-3　在卧式铣床上用周铣法铣垂直面

说明：工件在机用平口钳上安装时，保证工件的基准面与工作台台面垂
　　　直，然后用圆柱形铣刀铣削工件的上表面，铣出的平面与基准面
　　　垂直。

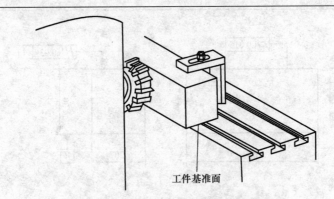

工件基准面

图 6-4　在卧式铣床上用端铣法铣垂直面

说明：工件在安装时，保证工件的基准面与铣床的工作台台面平行放置
　　　或直接放置，然后用面铣刀铣削工件的侧面，铣出的平面与基准
　　　面垂直。

1. 在铣床上铣垂直面

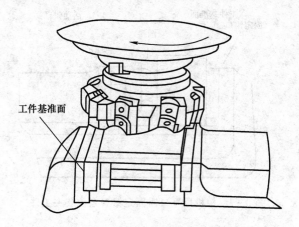

工件基准面

图 6-5　在立式铣床上用端铣法铣垂直面

说明：在立式铣床上用端铣法铣垂直面与在卧式铣上用周铣法铣垂直面
相同。

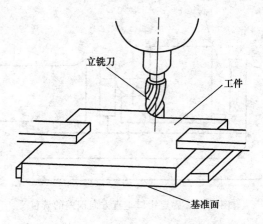

立铣刀

工件

基准面

图 6-6　在立式铣床上用周铣法铣垂直面

说明：在立式铣床上用周铣法铣垂直面与在卧式铣床上用端铣法铣垂直
面相同。

2. 工件的装夹

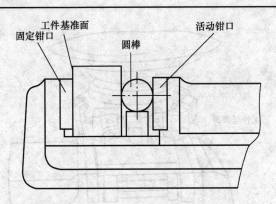

图 6-7　用机用平口钳固定钳口定位装夹工件

说明：将工件的基准面靠紧固定钳口平面后装夹工件，钳口平面可与横向进给平行放置，也可与纵向进给平行放置。为使工件基准面与固定钳口平面充分接触，可在活动钳口平面与工件之间放置一圆棒。对于垂直度要求较高的工件铣削，要找正固定钳口平面的垂直度是否符合要求。

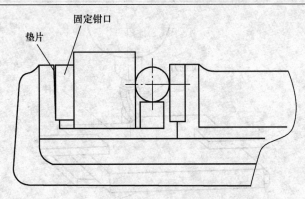

图 6-8　固定钳口垂直方向误差的调整

说明：松开固定钳口的紧固螺钉，在固定钳口内侧垫上适当厚度的铜片来纠正垂直方向的误差。垫好后重复找正，直到符合要求为止，一般要求在 200mm 的长度上变动量不超过 0.03mm。

2. 工件的装夹

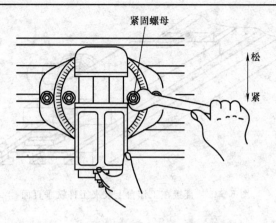

图 6 - 9　固定钳口水平方向误差的调整

说明：松开机用平口钳回转底盘的紧固螺母，轻轻转动机用平口钳钳体，使固定钳口与进给方向误差符合要求，锁紧紧固螺母。

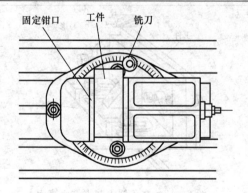

图 6 - 10　机用平口钳装夹工件的注意事项

说明：在卧式铣床上端铣和在立式铣床上周铣工件的端面时，应将工件的加工面装夹在机用平口钳内侧进行铣削，以使铣削力指向固定钳口。

2. 工件的装夹

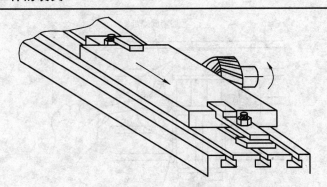

图 6-11　直接在工作台上装夹工件铣垂直面

说明：将工件的基准面放到工作台台面上，用压板压紧固定，且装夹时，工件必须伸出工作台的内侧面，否则可能铣坏工作台，并在铣削时，使切削力指向工作台台面。此法操作简便，铣出的垂直面误差主要取决于铣床的精度，能获得较准确的垂直面。主要用在卧式铣床上用端铣法铣削尺寸较大的工件。

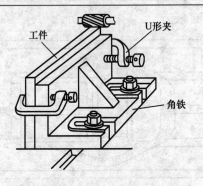

图 6-12　在角铁上装夹铣垂直面

说明：将角铁固定在工作台平面上，再将工件基准面与角铁面靠紧，用两只 U 形夹夹紧固定即可，铣出的平面与角铁面（工件基准面）垂直，适用于基准面宽而长的工件的铣削。当在立式铣床上采用端铣法时，要注意装夹方向，必须使切削力指向角铁，以免工件振动，影响加工质量。

2. 工件的装夹

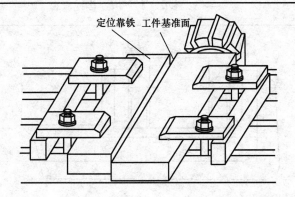

定位靠铁　工件基准面

图 6-13　在工作台上用定位靠铁定位装夹工件铣垂直面

说明：将工件的基准面与靠铁的定位面贴紧，用压板压紧后进行铣削垂直面。适用于基准面窄且长的工件的批量加工。选用的靠铁必须有足够的硬度和刚度及较高的制造精度。装卸、安装工件时，不准敲打工件或定位元件，并注意观察铣削过程中是否可能破坏定位。用定位靠铁定位装夹工件前必须对其进行找正。

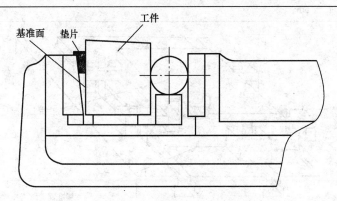

工件
基准面　垫片

图 6-14　用垫片法修整工件的垂直度误差

说明：当工件铣出的平面与基准面的交角小于90°时，在钳口的上部垫适当厚度的垫片；反之则垫到钳口的下面，垫片的厚度是否合适，可边试切边调整。

三、铣平行面

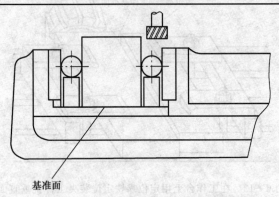

基准面

图 6-15　用两根圆棒装夹工件铣平行面

说明： 当工件上没有垂直于基准面的平面时，可将基准面贴紧钳体导轨面，然后在固定钳口、工件、活动钳口间各放置一根圆棒夹紧。夹紧时，用铜棒轻敲工件顶面，使基准面与导轨平面贴合紧密。此法装夹工件稳固性较差，不宜采用大铣削用量，只适用于精铣平行面。

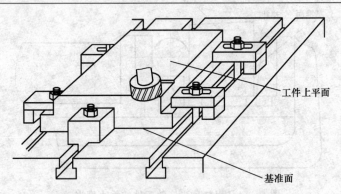

工件上平面

基准面

图 6-16　工件直接装夹在工作台上铣平行面

说明： 将工件的基准面直接放在工作台上，用压板压紧固定，使基准面与工作台台面贴合，铣出的上平面与工作台台面（基准面）平行。适用于较大的有压板压紧位置的工件的铣削。

三、铣平行面

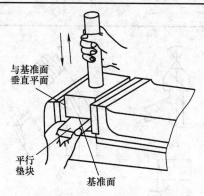

与基准面
垂直平面

平行
垫块

基准面

图 6-17　用钳体导轨定位装夹工件铣平行面

说明： 当工件上有垂直于基准面的平面时，可将该平面与固定钳口平面
贴合，然后用铜棒轻轻敲打工件顶面，使工件基准面与机用平口
钳导轨贴合夹紧铣上平面，铣出的平面与基准面平行。若工件尺
寸较小，可在工件与导轨间加垫平行垫铁。

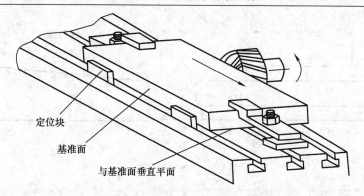

定位块

基准面

与基准面垂直平面

图 6-18　用定位块装夹铣平行面

说明： 在工作台上安装定位块，使基准面与定位块定位面贴紧，从而使
基准面与工作台台面垂直并与进给方向平行。对于精度要求较高
的工件加工，要对定位块定位平面与工作台台面的垂直度进行校
对，校对方法与定位靠铁的校对方法相同。

四、铣 斜 面

1. 概述

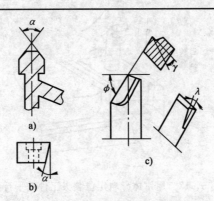

图 6-19 斜面的概念

说明：斜面是指与基准面成倾斜状态的平面，两者之间相交成任意的角度。根据斜面与基准面之间的相对位置，斜面分为单斜面（图 6-19a、b）和复合斜面（图 6-19c）两种。

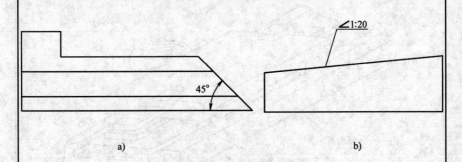

图 6-20 斜面在图样上的表示方法

说明：斜面在图样上有两种表示方法：斜度大的斜面用度数 α 来表示，如图 6-20a 所示的45°；斜度小的一般用比值 k 来表示，即单位长度内两端尺寸差，如图 6-20b 所示的1：20，两者之间的关系为 $\tan\alpha = k$。

1. 概述

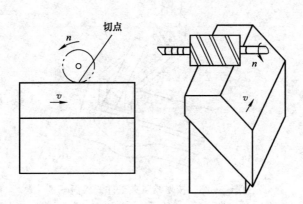

图 6-21　圆周法铣斜面

说明：采用圆周法铣斜面时，主要保证工件上所铣斜面与铣刀的旋转表面相切。

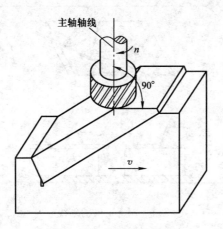

图 6-22　端铣法铣斜面

说明：采用端铣法铣斜面时，主要保证工件的所铣斜面与铣床主轴的轴线垂直。

2. 按划线铣斜面

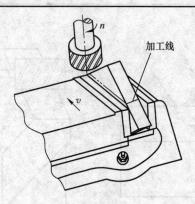

图 6 - 23　按划线装夹工件铣斜面

> 说明：按图样先在毛坯上划出斜面的加工线，再按加工线装夹工件铣削
> 平面，即得到所需的斜面。此法操作简单，既可采用周铣法也可
> 采用端铣法铣削，但由于划线和找正比较费时，所以只适合加工
> 精度要求不高的单件或小量工件的生产。

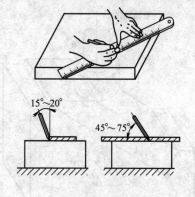

图 6 - 24　工件的划线

> 说明：将毛坯放在平台上，按照图样的要求划出斜面的加工线。划线时
> 应使划针在划线方向上倾斜 $45° \sim 75°$，在划线方向的垂直方向上倾
> 斜 $15° \sim 20°$。

2. 按划线铣斜面

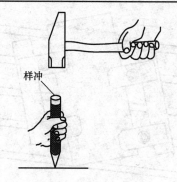

图 6-25　用样冲冲眼

说明：作为加工界线的标志，工件划线后要打上样冲眼。用样冲冲眼时，先使样冲倾斜，尖端对准线中央，然后使样冲直立，用锤子轻轻击打样冲端部冲眼，一般在已加工表面冲眼时要浅些，在粗糙面上冲眼时要深些。

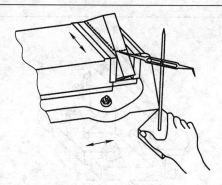

图 6-26　按划线在机用平口钳上装夹工件

说明：对于尺寸不大的规则工件，可选择安装在机用平口钳上，使工件上所划的加工线与工作台台面平行，并高出机用平口钳上平面，以防止损坏钳口。为保证装夹定位准确，可用划针进行找正，将划针盘放置在工作台台面上，划针头接近工件的划线，在工作台上沿划线移动划针盘，观察划针与划线的高度差，然后用铜棒或木棒轻轻敲打工件，使整条划线与划针高度一致，即保证划线与工作台台面平行。

2. 按划线铣斜面

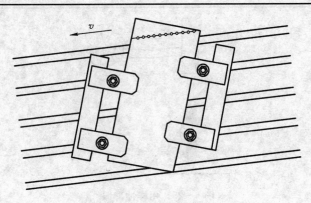

图 6-27 按划线用压板装夹工件

说明：对于较大尺寸的工件，可将工件直接放在工作台上，使工件的加工线与进给方向平行，然后用压板压紧，并使加工部分置于工作台里侧，加工线超出工作台台面，防止铣刀损坏工作台。

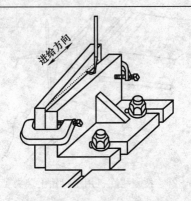

图 6-28 按划线在角铁上安装工件

说明：对于扁长的板状工件，可按划线将工件用螺栓固定在角铁上，按纵向进给方向放置，将划针固定在主轴导轨上，划针头接近划线，沿进给方向移动工作台，使划针沿划线移动，工件上的划线与划针头相吻合，即保证划线与进给方向平行。

2. 按划线铣斜面

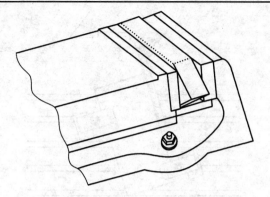

图 6-29　按划线装夹工件铣斜面的注意事项

说明： 按划线装夹铣斜面时，把斜面的大部分铣去后，在最后一次精铣前，应再用划针校验一次，确认工件是否走动。铣削完毕，工件上应留有样冲眼的一半。

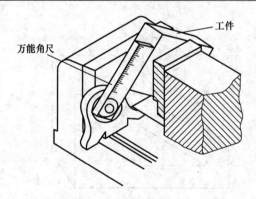

图 6-30　利用万能角尺在机用平口钳上装夹工件

说明： 先把工件夹在机用平口钳内，然后用扳转好角度的万能角尺的尺座紧贴固定钳口上平面（或水平导轨面），用铜棒等轻敲工件，使基准面与尺身平行后，夹紧工件。为防止夹紧时跑尺，夹紧后再用尺校验一次。此法费时，但找正比较准确，铣出的斜面精度比较高。

3. 倾斜工件铣斜面

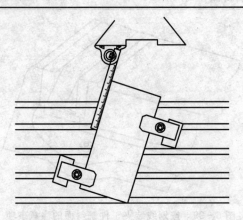

图 6-31　利用万能角尺在工作台上校验装夹工件

说明: 将调整好角度的万能角尺尺座紧贴铣床垂直导轨面上,将工件的基准面靠紧万能角尺的尺身,用压板压紧即可。适用于较大工件的装夹。

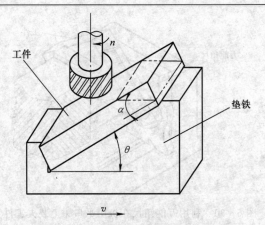

图 6-32　用倾斜垫铁定位安装工件

说明: 将工件放在倾斜垫铁上定位后,装夹铣斜面,铣出的斜面角度 α 与倾斜垫铁的倾斜角度 θ 相等(即 $\alpha=\theta$),适用于小批量生产。在铣削一批工件时,铣刀的高度位置不需要因工件的更换而重新调整,大大提高生产率。

3. 倾斜工件铣斜面

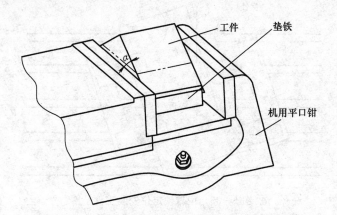

图 6-33　倾斜垫铁与机用平口钳组合装夹工件

说明： 将倾斜垫铁放置在机用平口钳导轨面上，用倾斜垫铁定位，用机用平口钳装夹工件，可一次完成工件的找正与夹紧，且垫铁的宽度要略小于工件的宽度。此法简单、方便，适用于小件工件、小批量生产。

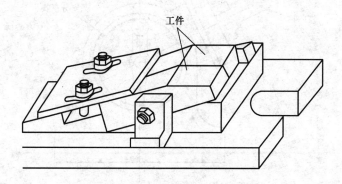

图 6-34　利用专用夹具安装工件

说明： 对于大批量生产，可以加工专用夹具，进行多件装夹加工，提高生产率，如两件工件同时加工时的装夹。

3. 倾斜工件铣斜面

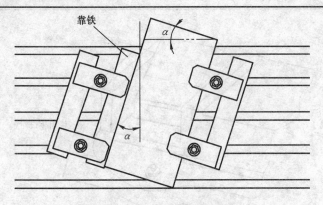

图 6-35　用靠铁定位安装工件

说明： 在工作台台面上安装一块倾斜的靠铁，使其倾斜度符合规定的要求，再将工件基准面靠紧定位靠铁的定位表面，用压板压紧。多用于较大的平板工件的铣削。为保证加工的准确，定位靠铁可用万能角尺也可用指示表进行找正。

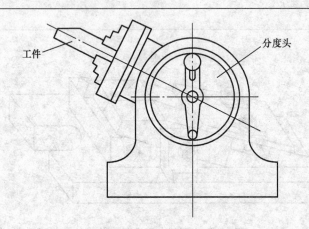

图 6-36　用分度头装夹

说明： 将工件装夹在分度头的自定心卡盘上，根据斜面的要求使分度头主轴仰起相应的角度固定。主要适用于圆柱形表面上铣斜面。

3. 倾斜工件铣斜面

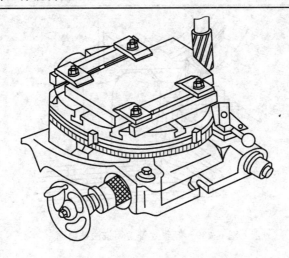

图 6 - 37　用可倾工作台装夹工件

说明： 用可倾工作台装夹工件。可倾工作台是一种旋转式夹具，能带着
工件旋转任意角度。可倾工作台刚性好，台上有 T 形槽，能利用
压板直接将工件装夹在台面上，适用于加工较大的工件。

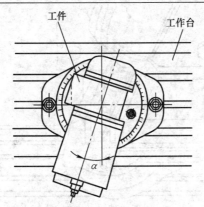

图 6 - 38　偏转机用平口钳钳体装夹工件

说明： 将机用平口钳钳体扳转一个角度，使固定钳口的倾斜度符合加工
要求，然后将钳体固定、锁紧，将工件放入钳口夹紧。适合于小
件工件、小批量生产。

4. 倾斜铣刀铣斜面

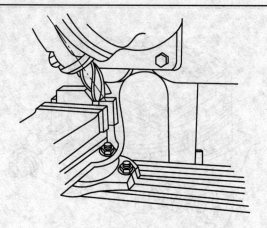

图 6-39　倾斜立铣刀周铣法铣斜面

说明： 在主轴可扳转角度的立式铣床上，将安装铣刀的立铣头倾斜一个
相应的角度，使铣刀的切削面与铣削斜面相切铣斜面。此法使用
较方便、灵活，但仅限在主轴可扳转角度的立式铣床上进行。

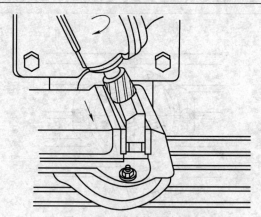

图 6-40　用端铣法铣斜面

说明： 将立铣刀或面铣刀安装在立铣头上，并将立铣头按斜面的倾斜角
度扳转角度，用立铣刀或面铣刀的端面刃与工件相接触，使工件
做横向进给即可铣出斜面。

4. 倾斜铣刀铣斜面

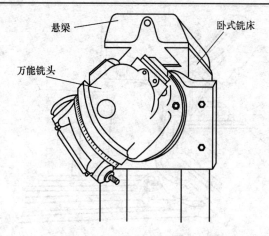

图 6-41 安装万能铣头铣斜面

说明：在卧式铣床或万能铣床上可以采用安装万能铣头，然后将万能铣头倾斜至合适的角度，对斜面进行铣削，与立式铣床倾斜铣刀铣斜面相同。

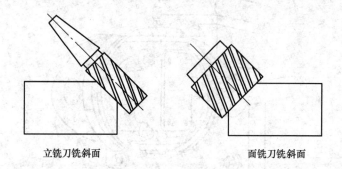

立铣刀铣斜面   面铣刀铣斜面

图 6-42 铣刀的选择原则

说明：用周铣法铣斜面时，立铣刀切削刃的长度一定要长于被铣削斜面的长度；用端铣法铣削时，在允许的情况下，尽量选择面铣刀的直径要大于斜面的长度，一次走刀加工完成，避免接刀痕的产生。

4. 倾斜铣刀铣斜面

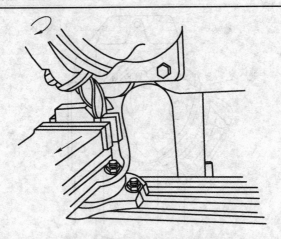

图 6-43　进给方向的确定

说明：用倾斜铣刀法铣斜面，工件必须做横向进给。受横向工作台行程
　　　等因素的限制，此法仅适合铣削较小的斜面。

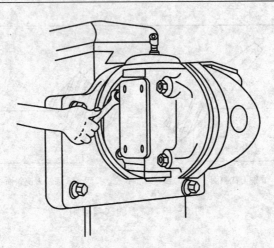

图 6-44　立铣头扳转角度的操作方法

说明：松开紧固螺栓，使立铣头旋转到相应的角度，锁紧紧固螺栓。

5. 用角度铣刀铣斜面

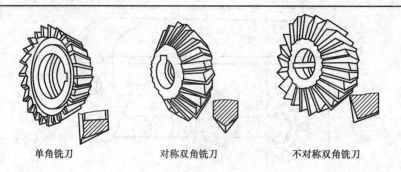

单角铣刀　　　　对称双角铣刀　　　　不对称双角铣刀

图 6 - 45　角度铣刀

说明：角度铣刀是切削刃与其轴线倾斜成一定角度的铣刀，属于成形铣
　　　刀。角度铣刀有单角度铣刀、双角度铣刀两种，双角度铣刀又分
　　　为对称和不对称两种。

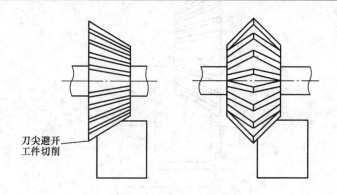

刀尖避开
工件切削

图 6 - 46　角度铣刀的选择

说明：角度铣刀的选择主要取决于角度和铣刀切削刃长度两个指标：选
　　　择与工件的倾斜角度相同的角度，工件的倾斜角度由角度铣刀的
　　　角度保证；铣刀切削刃的长度要大于工件斜面的铣削宽度。

5. 用角度铣刀铣斜面

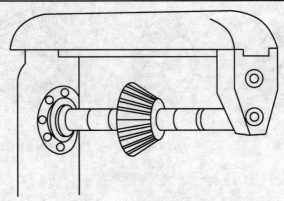

图 6-47　角度铣刀的安装

说明： 安装单角度铣刀时，要使铣刀的大端面尽量靠近铣床主轴一侧，
使切削力指向铣床主轴方向，适用于带孔铣刀的安装方法。

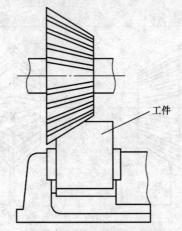

工件

图 6-48　单角度铣刀铣单斜面的方法

说明： 直接选用单角度铣刀一次加工成形，适用于较小斜面的铣削，铣
出的斜面的倾斜度与铣刀的角度一致。角度铣刀的刀齿强度较弱，
小端刀齿排列较密，容屑槽小，铣削时排屑困难，在使用时应选
较小的铣削用量，尤其是每齿进给量更要适当减少，一般较圆周
铣低20%左右。

5. 用角度铣刀铣斜面

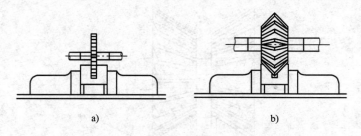

图 6-49　用双角度铣刀铣 V 形斜面的方法

说明：为了防止刀尖损坏，用双角度铣刀加工前，要在工件上预先加工
　　　出空刀槽（图 6-49a）。然后选择与待加工斜面角度相同的双角度
　　　铣刀，直接将工件加工成形（图 6-49b）。

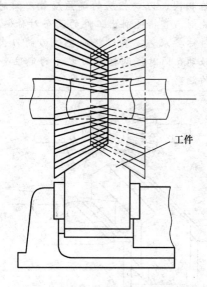

工件

图 6-50　用单角度铣刀铣双斜面的方法

说明：按图 6-48 的方法加工出一个斜面后，再将铣刀翻转安装或将工件
　　　调转安装，用同样的方法铣削另一面斜面。调转工件安装时，要
　　　注意工件的定位装夹，适合于较规整的工件的加工。

5. 用角度铣刀铣斜面

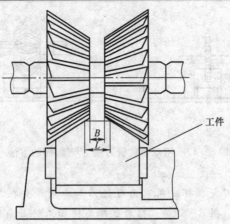

图 6-51　用两把单角度铣刀铣对称斜面

说明：选择两把规格相同、刃口相反的单角度铣刀面对面安装，使两把
刀同时参与铣削，直接铣削出工件的两个对称斜面，提高生产率，
满足较高的对称要求。安装时将两把铣刀的刀齿错开安装，以减
小切削力和振动，同时使两把铣刀之间的定位套距离 B 略小于工
件两斜面间的距离 L。

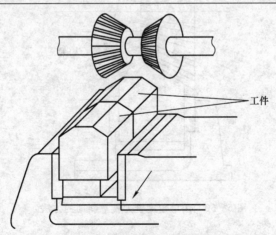

图 6-52　用两把单角度铣刀铣多个斜面

说明：将两个工件对夹，实现一次加工两个或多个工件，提高加工效率。
适用于工件较规整的批量生产。

五、连接面的检测

1. 角度的检测

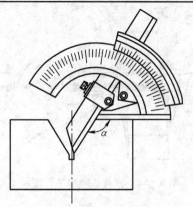

图 6-53　用万能量角器测量角度

说明：用万能量角器测量角度适用于角度要求不高的工件的检测，可直接测出角度的数值。

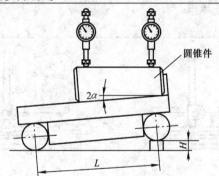

圆锥件

图 6-54　用正弦规测量斜面的斜度

说明：用正弦规测量斜面的斜度，将正弦规置于平台上，并将被测工件置于正弦规的长方体平面上，然后将圆柱的一端用量块试着垫起，再用指示表测量被测工件的上素线，直到零件的被测表面与平板表面垂直为止，则被测零件的锥角为

$$2\alpha = \arcsin(H/L)$$

式中　2α——被测锥体的锥角，单位为（°）；

　　　H——量块的高度，单位为 mm；

　　　L——正弦规中心距，单位为 mm。

适用于斜面斜度要求较高的工件检测。

2. 平行度的检测

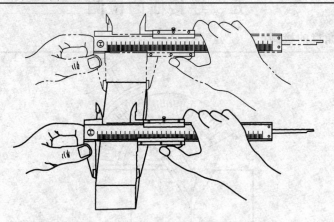

图 6-55　测量法检测平行度误差

说明： 用游标卡尺或千分尺等量具测量被测平面与基准面之间的尺寸变动量，近似表示两平面间的平行度误差，适用于工件平行度要求不高的工件检测。

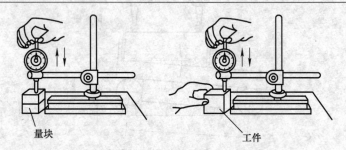

量块　　　工件

图 6-56　用指示表检测平行度误差

说明： 当工件的平行要求较高时，可用指示表检测。具体方法：将指示表安装在检测平台上（或标准平板上），用量块将指示表调整到合适的高度，使指示表的触头触到工件表面上，再压下 1 mm 左右，以免漏检。移动工件，观察指示表指针的变动量，指针变动的最大值即为工件的平行度误差。批量生产时也可用此法检测尺寸值。

3. 垂直度的检测

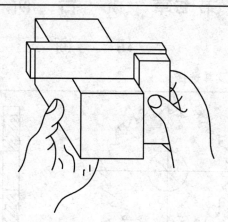

图 6-57　用 90°角尺检测垂直度误差

说明：将 90°角尺的短边内侧测量面紧贴在工件被测表面的基准面上，长边
内侧测量面靠向被测表面，观察长边内侧测量面与工件被测平面之间
缝隙透光情况，判断垂直度误差。适用于较小工件垂直度的检测。

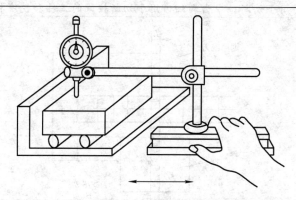

图 6-58　标准角铁和指示表检测垂直度误差

说明：将工件基准面靠在标准角铁上（用角铁的外角面较准确），再用指
示表检测被测平面，指示表按箭头所示方向来回移动，根据指示
表的读数变量值测出垂直度误差值。为了保证基准面与角铁面充
分贴合，可在工件下面垫上圆柱，减少底面与平板的接触面积。

第七章 铣 台 阶

一、切 断

1. 锯片铣刀及其选择

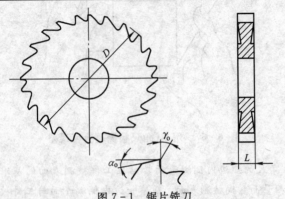

图 7-1 锯片铣刀

说明：根据齿的疏密程度锯片铣刀分为有粗齿、中齿和细齿，其中粗齿
主要用于切断，中齿和细齿用于切断较薄的工件和铣窄槽。

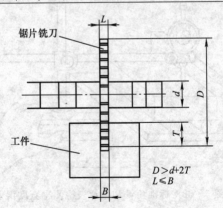

图 7-2 锯片铣刀尺寸的选择

说明：主要选择锯片铣刀的直径和宽度。铣刀直径与三面刃铣刀的选择
一样，即 $D > d + 2T$，并且在满足加工条件下，尽量选择直径较小
的；铣刀的宽度与所铣工件的槽宽相等，切断时一般选用 $2 \sim 3mm$
的锯片，以减少去除料量且保证刀具强度。

2. 锯片铣刀的安装

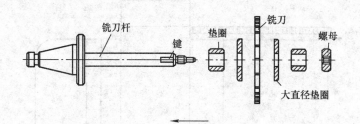

图 7-3　铣刀的安装

说明：锯片铣刀的安装与圆柱形铣刀以及三面刃铣刀的安装相同，将铣
刀用垫圈定位装夹在铣刀杆的适当位置上，依靠垫圈与铣刀两侧
端面间的摩擦力带动铣刀旋转，但不能在铣刀杆与铣刀间安装固
定键，防止铣刀被挤碎。

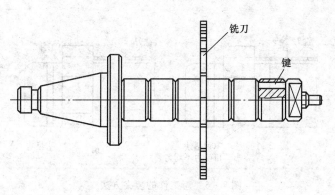

图 7-4　铣刀防松的方法

说明：在靠近紧固螺母的垫圈内安装键，防止铣刀松动。

3. 工件的装夹

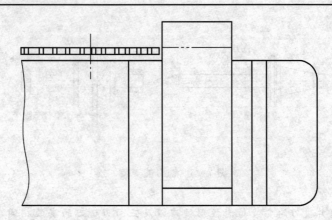

图 7-5 长条料的装夹方法

说明：一般用机用平口钳装夹长条料工件。装夹时，工件的伸出长度要尽可能短些，以铣刀不会铣伤钳口为宜，增加装夹刚度，减少切断中的振动。

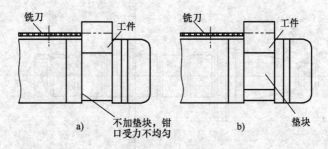

图 7-6 短工件的装夹方法

说明：也可用机用平口钳装夹短工件。装夹时，在钳口内加装一个相同宽度的垫块，以保证钳口在装夹工件时受力均匀，夹紧可靠。

3. 工件的装夹

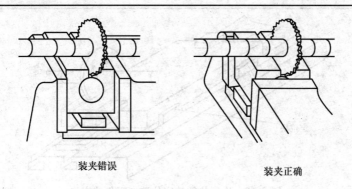

装夹错误　　　　　　　　　　　装夹正确

图 7-7　机用平口钳装夹夹紧力的方向

说明： 工件在机用平口钳上的夹紧力方向应与槽的纵向平行（平行于槽
侧面），避免工件在铣削过程中，在夹紧力的作用下夹住铣刀。

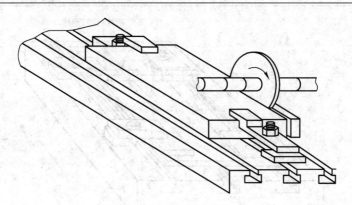

图 7-8　板料的装夹方法

说明： 一般将板料工件直接放置在工件台台面上用压板压紧。此法装夹
刚性好，且铣刀离工作台台面近，铣削振动小，且平稳。用压板
装夹工件时，压板的压紧点尽可能靠近铣刀的切削位置，同时尽
可能采用弯头压板，以便采用直径较小的锯片铣刀。

144

3. 工件的装夹

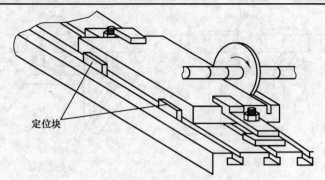

图 7 - 9　用定位靠铁定位装夹工件的方法

说明：当批量加工工件时，可将工件的定位面与定位靠铁定位面贴合后，
　　　再用压板压紧工件。此法装夹方便、快捷，避免一件一调整，但
　　　在装夹前要对定位靠铁的定位面进行找正（与主轴轴线平行或垂
　　　直）。

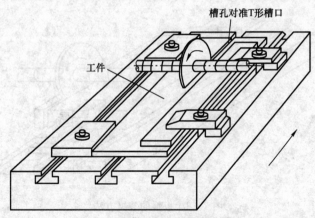

图 7 - 10　薄而长工件的装夹方法

说明：装夹薄而长的工件时，可在工件与压板间垫上一块较厚的垫板，
　　　以增加工件的装夹刚度。切断时，锯片铣刀应对准工作台的 T 形
　　　槽，即工件的切缝应选在 T 形槽的上方，以免切断时损坏工作台
　　　台面。

4. 工件的切断

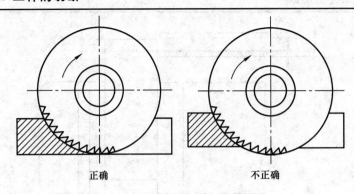

正确　　　　　　　不正确

图 7-11　铣刀的工作位置

说明：用锯片铣刀切断工件时，应使铣刀圆周刃与工件底面相切或稍高
于底面（约 0.2mm），即铣刀刚切透工件。

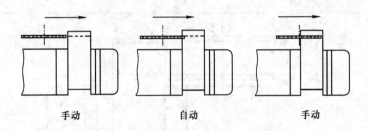

手动　　　　　　自动　　　　　　手动

图 7-12　切断工件的操作方法

说明：切断工件时通常采用手动进给，使铣刀均速进给切断工件。若需
采用机动进给时，铣刀的切入或切出也要用手动，使铣刀逐渐切
入或切出工件。切断过程中，发现锯片铣刀因夹持不紧或铣削力
过大而产生停刀现象时，应首先停止工作台的进给，然后再停止
主轴转动，切断时应采用较小的进给量，并要充分使用切削液。

4. 工件的切断

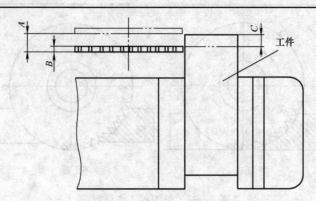

图 7 - 13　连续切断的方法

说明：一次装夹逐次切出几个工件，适用于薄片的切断。具体方法：每次切断前将工作台横向移动一段距离，再锁紧横向进给机构即可，工作台每次移动的距离 A 等于铣刀宽度 B 与工件厚度 C 的和，即 $A=B+C$。

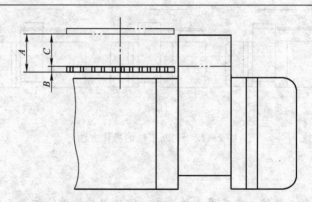

图 7 - 14　单件切断的方法

说明：一次装夹仅切出一个工件，主要用于厚块的切断。具体方法：先将条料装夹好，使铣刀能划着工件，再将工作台横向移动一个距离，与图 7 - 13 移动的距离相同（$A=B+C$）。

4. 工件的切断

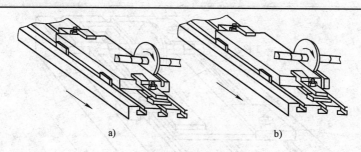

图 7-15　翻转工件的切断方法

说明：用两次铣削完成工件的切断，多用于特厚板料的切断。具体方法：
　　　　第一刀的铣削深度是整个工件厚度的一半（图7-15a），再把工件
　　　　翻转360°铣第二刀，即切断（图7-15b）。为了免除工件翻转后重
　　　　新对刀，可在工件侧面加装两个定位块。

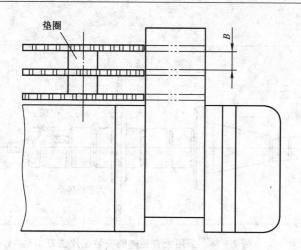

图 7-16　多刀组合的切断方法

说明：采用多把锯片铣刀同时对工件进行切断，可提高加工效率。安装
　　　　铣刀时，要保证铣刀间的距离（垫圈）与工件的厚度相同，同时
　　　　为了使切断平稳，各锯片的刃口应按螺旋线排列。

4. 工件的切断

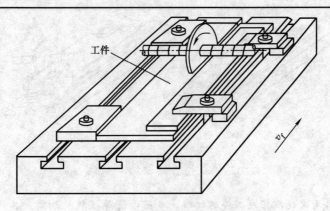

图 7-17　薄而长工件的切断方法

说明： 薄而长工件的切断多采用顺铣，使铣削的垂直分力指向工作台，
　　　　有利于夹紧，同时防止因铣削分力向上，使工件产生振动和变形。

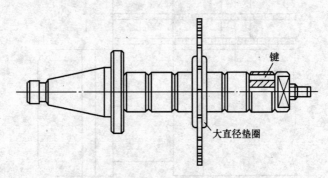

图 7-18　采用大直径垫圈安装锯片铣刀

说明： 在铣刀两端面各安装一大直径的垫圈，以增大铣刀的刚度和摩擦
　　　　力，使铣刀工作平稳。

二、铣直角沟槽

1. 概述

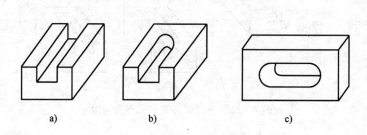

图 7-19　直角沟槽的种类

说明：直角沟槽指侧面与底面垂直且两侧面相互平行的沟槽，常见的有敞开式（图 7-19a）、半封闭式（图 7-19b）和封闭式（图 6-19c）三种。

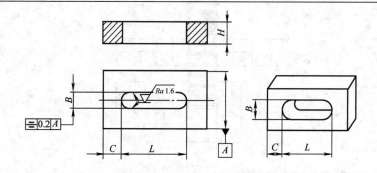

图 7-20　直角沟槽的工艺要求

说明：直角沟槽的尺寸要求有槽宽 B、槽长 L、槽深 H，另外还有槽的位置要求（定位尺寸 C 和对称度 $0.2mm$）和表面粗糙度（$Ra1.6\mu m$）要求。

2. 在卧式铣床上铣直角沟槽

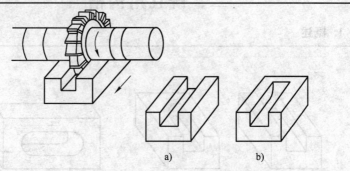

图 7-21 用三面刃铣刀铣直角沟槽

说明：用三面刃铣刀铣削直角沟槽时，适宜加工较窄（宽度不超过
25mm）和较深的敞开式（图 7-21a）和一端槽底允许留有铣刀圆
弧的半封闭式（图 7-21b）直角沟槽。三面刃铣刀的直径较大，
齿数较多，刀体刚性较好，铣直角沟槽时不易产生"让刀"现象，
加工后槽侧的直线度和表面质量较好。

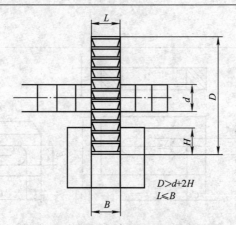

$$D > d + 2H$$
$$L \leqslant B$$

图 7-22 三面刃铣刀尺寸的选择

说明：对于槽宽精度要求不高的较窄的沟槽，可直接按槽宽尺寸选择刀
宽（即 $L = B$）；对于槽宽精度要求较高或较宽的沟槽，可选择较
槽宽尺寸略小的刀宽（即 $L < B$），分两次或两次以上铣削，铣刀
的直径与铣台阶的要求相同（即 $D > d + 2H$）。

2. 在卧式铣床上铣直角沟槽

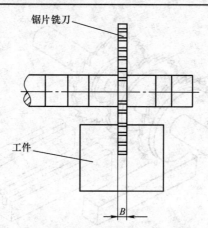

锯片铣刀

工件

B

图 7-23　用锯片铣刀铣削直角沟槽

说明：用锯片铣刀铣削直角沟槽适用于铣削敞开式宽度小于5mm（即 B < 5mm）的窄直角沟槽。

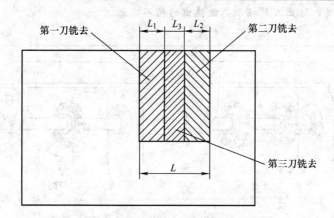

第一刀铣去　　L_1　L_3　L_2　　第二刀铣去

第三刀铣去

L

图 7-24　锯片铣刀尺寸的选择

说明：铣刀的宽度尽量选择与槽宽尺寸相同，在一次进给下完成直角沟槽的铣削；若没有合适槽宽的铣刀，铣刀的宽度应小于工件槽宽的一半，分三次进给将直角沟槽铣出。

2. 在卧式铣床上铣直角沟槽

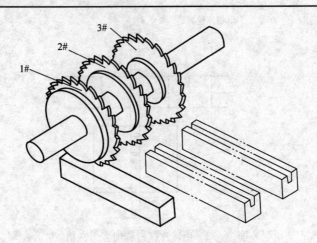

图 7-25　多把锯片铣刀铣削窄深槽

说明：由一组锯片铣刀（1#刀、2#刀、3#刀）依次铣出所要求的深
度，锯片铣刀两边分别用不同大小的钢盘夹紧，以提高铣刀的刚
度，防止刀片摆动，使铣出的槽不规则。

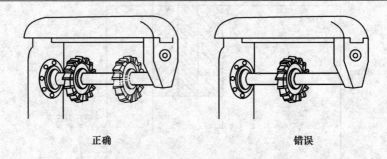

正确　　　　　　　　　　　　　　　　错误

图 7-26　铣刀安装的注意事项

说明：安装铣刀时，在条件允许的情况下，应尽量靠近铣床主轴端部或
挂架附近，以增强刀杆的刚性。

2. 在卧式铣床上铣直角沟槽

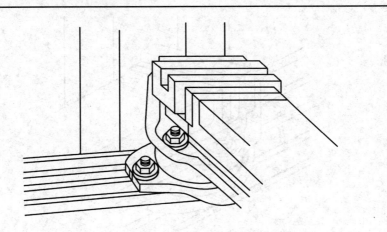

图 7-27　长通槽在机用平口钳上的装夹方法

说明： 长通槽在机用平口钳上的装夹方法：机用平口钳的固定钳口面与
　　　　铣床主轴轴线垂直，通槽与固定钳口平面平行装夹。

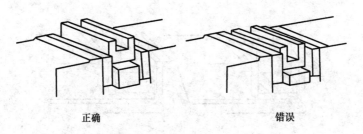

正确　　　　　　　　　　　　错误

图 7-28　长通槽在机用平口钳上的装夹注意事项

说明： 夹紧部位应选择在所要加工的槽底附近，防止在沟槽加工过程中，
　　　　工件的刚性不断削弱，夹紧力将工件的两侧向中间夹紧，使工件
　　　　产生变形。

2. 在卧式铣床上铣直角沟槽

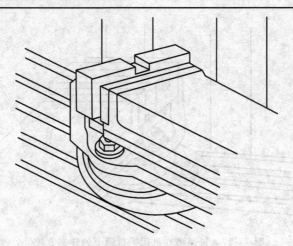

图 7-29　短通槽在机用平口钳上的装夹方法

说明：短通槽在机用平口钳上的装夹方法：一般将机用平口钳的固定钳口平面与铣床主轴轴线平行放置，工件槽与固定钳口面垂直装夹，同时要保证槽底加工面高出平口钳上平面，防止铣坏钳口面。

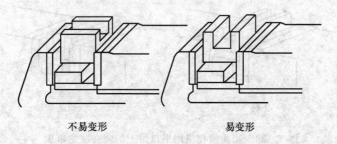

不易变形　　　　　　　易变形

图 7-30　在机用平口钳上的装夹注意事项

说明：工件在机用平口钳上装夹时，应尽量使钳口夹紧力方向平行于进给方向即纵向进给方向，以避免铣削时在夹紧力的作用下工件夹刀。

2. 在卧式铣床上铣直角沟槽

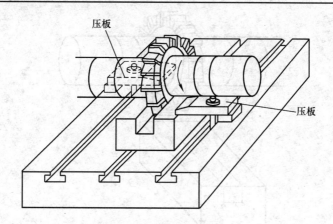

图 7-31　用压板装夹工件

说明：用压板装夹工件多用于大型工件的装夹。装夹时，待加工槽的方向与铣刀的进给方向（即工作台纵向）平行，压板的压紧点应尽可能靠近铣刀的切削位置。

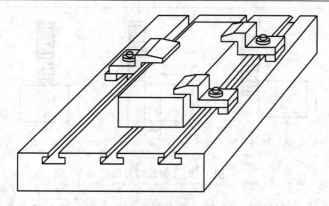

图 7-32　压板装夹工件的注意事项

说明：为防止刀杆与压板干涉，铣刀直径略大些，让出压板的高度；最好采用弯头压板装夹，降低压板伸出长度，尽量减小铣刀直径。

2. 在卧式铣床上铣直角沟槽

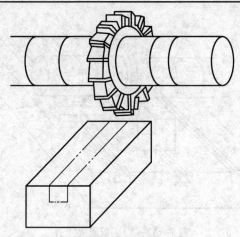

图 7-33　按划线对刀法

说明：先在工件的加工部位划出直角通槽的尺寸位置线，装夹找正后（待加工槽方向与纵向进给方向一致），调整工作台操纵手柄，使三面刃铣刀侧面切削刃对准工件上所划的宽度线，锁紧横向进给即可。适用于位置精度要求不高的沟槽。

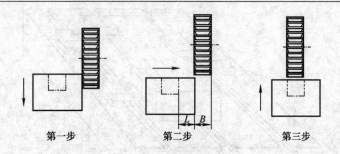

图 7-34　侧面对刀法

说明：侧面对刀法分三个步骤：第一步，起动主轴，摇动工作台操纵手柄，使回转的铣刀侧面切削刃轻擦工件侧面后，垂直降落工作台；第二步，使工作台横向移动，移动的距离为铣刀宽度与工件侧面到槽侧面距离之和（即 $B+L$），锁紧横向进给；第三步，纵向移动工作台使刀具离开工件，按槽的深度上升调整工作台。

3. 在立式铣床上铣直角沟槽

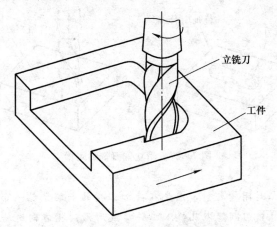

图 7-35　用立铣刀铣直角沟槽

说明： 用立铣刀铣直角沟槽适用于在立式铣床上铣削宽度较大的半封闭和封闭式直角沟槽，尤其两端封闭、底部穿通、槽底要求较低的直角沟槽，另外还可用于加工纵向形状为折线、圆弧线的直角槽。

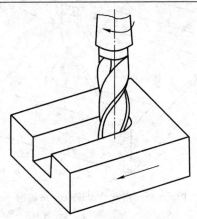

图 7-36　用立铣刀铣半封闭槽

说明： 将立铣刀调整到半封闭槽的开放端，按槽的方向进给直接铣出半封闭槽。若槽较深，可分几次进给铣出槽深。对于宽度精度要求不高的沟槽，可选直径等于槽宽的立铣刀；对于宽度精度要求较高的沟槽一般选直径略小于槽宽的立铣刀。

3. 在立式铣床上铣直角沟槽

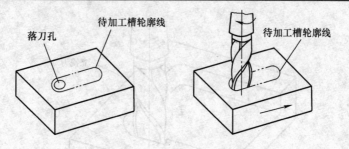

图 7-37　用立铣刀铣封闭槽

说明：在加工封闭槽之前，应先在待加工槽的一端预钻一个落刀孔，然后将立铣刀顺落刀孔铣入工件，最后沿沟槽方向进给铣削至长度尺寸要求。

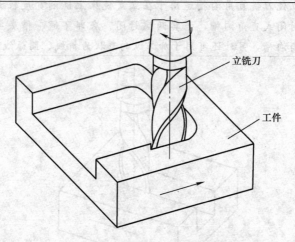

图 7-38　用立铣刀扩铣直角沟槽

说明：对于宽度较宽（＞25mm）或精度要求较高的直角沟槽，可用立铣刀粗铣槽的深度尺寸后再扩铣至所要求的宽度尺寸。扩铣时，应避免顺铣，防止损坏铣刀和"啃伤"工件。

3. 在立式铣床上铣直角沟槽

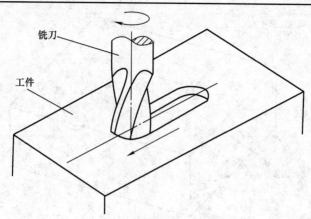

铣刀

工件

图 7-39 用键槽铣刀铣直角沟槽

说明: 用键槽铣刀铣直角沟槽常用于加工高精度的、较浅的半通槽和不
通的封闭槽。半通槽的铣削与立铣刀铣半通槽相同。因键槽铣刀
可对工件进行垂直方向的进给,加工封闭槽时无需落刀孔,可直
接落刀对工件进行铣削。

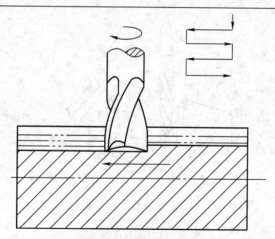

图 7-40 分层法铣削较深的直角沟槽

说明: 加工深度较深的直角沟槽时,按槽深分几次进给铣到要求的深度,
避免由于铣刀刚性较差,铣削时容易产生"让刀"现象,使铣出
的沟槽不规则,甚至由于铣削深度大造成受力过大引起铣刀折断。

3. 在立式铣床上铣直角沟槽

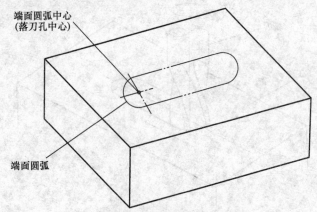

端面圆弧中心
(落刀孔中心)

端面圆弧

图 7-41　落刀孔加工位置的确定

说明：先在工件上按图样划出封闭槽加工线，确定封闭槽端面圆弧圆心，
　　　打上样冲眼即为落刀孔中心。

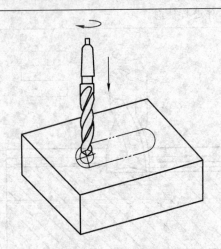

图 7-42　落刀孔的加工

说明：一般选取钻头的直径略小于待用立铣刀直径，安装在立式铣床上
　　　或钻床上，然后按落刀孔的中心样冲眼对准钻头中心，即可加工
　　　出落刀孔。

三、台阶的铣削与测量

1. 概述

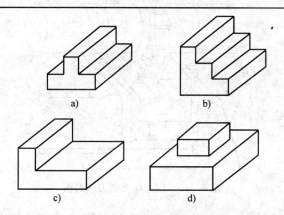

图 7-43 台阶零件的形式

说明：台阶零件是由一系列相连接的平行面和垂直面组合而成的，常见
　　　台阶零件的形式有 T 形（图 7-43a），阶梯形（图 7-43b）、L 形
　　　（图 7-43c）、回字形（图 7-43d）等。

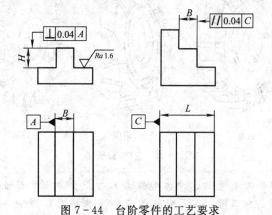

图 7-44 台阶零件的工艺要求

说明：台阶零件的工艺要求：一要保证各台阶的宽度和深度尺寸要求，
　　　如尺寸 B、H 等；二要保证各台阶面的表面粗糙度要求
　　　（$Ra1.6\mu$m）；三要保证各台阶面间的平行度和垂直度要求
　　　（0.04mm）。

2. 在卧式铣床上铣台阶

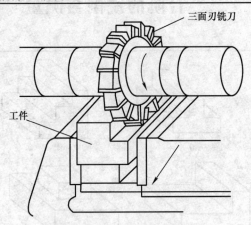

三面刃铣刀

工件

图 7-45 用三面刃铣刀铣台阶

说明： 用三面刃铣刀铣阶台通常用于卧式铣床上铣削宽度不太大的台阶。铣削时，三面刃铣刀的圆柱面切削刃起主要的铣削作用，而两侧面切削刃只起修光作用。

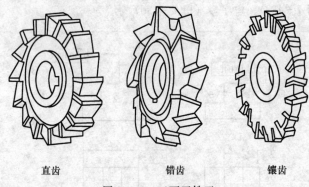

直齿　　　　　　　错齿　　　　　　　镶齿

图 7-46 三面刃铣刀

说明： 三面刃铣刀有直齿、错齿和镶齿三种，直齿三面刃铣刀的刀齿呈直线形，加工时，容易引起冲击和发生振动，影响表面质量，适用于铣削宽度较窄的小台阶和铣削用量较小的铣削；错齿三面刃铣刀圆柱面上的相邻刀齿向两个相反的方向倾斜，一个左斜，一个右斜，改善了直齿三面刃铣刀的切削情况，铣削平稳；镶齿铣刀用于大直径的错齿三面刃铣刀，当某一刀齿损坏或用钝后，可随时更换刀齿。

2. 在卧式铣床上铣台阶

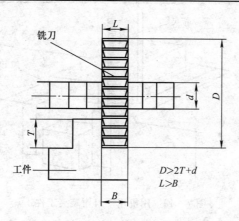

$D>2T+d$
$L>B$

图 7-47 三面刃铣刀的选择

说明：选择铣刀时，尽量选择错齿三面刃铣刀，且铣刀的宽度应大于工件的台阶宽度（即 $L>B$）；铣刀的直径根据台阶的高度来确定，一方面保证铣削中台阶的上平面不与铣刀杆干涉，另一方面在允许的情况下，铣刀的直径尽量取小些，防止产生振动。一般取 $D>2T+d$，其中 D 为铣刀直径；T 为台阶高度；d 为刀轴垫圈直径。

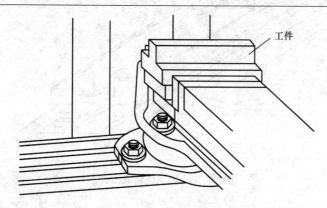

图 7-48 工件的装夹要求

说明：装夹工件时，必须使工件的台阶面与工作台纵向进给方向平行，并与主轴轴线垂直，以保证台阶的加工质量。

2. 在卧式铣床上铣台阶

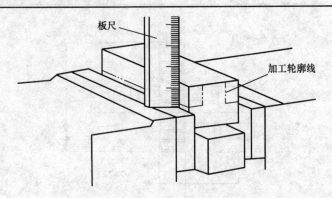

板尺

加工轮廓线

图 7-49 用机用平口钳装夹工件

说明：将工件的侧面（基准面）靠向固定钳口平面，工件的底面靠向钳
口导轨面，并将铣削的台阶底面略高出钳口上平面，以免铣刀损
坏钳口，但也不能过于高出钳口平面，防止工件夹持太少，切削
时被拉出钳口。装夹高度可用板尺、深度尺或卷尺检查，也可在
工件上先划出铣削线，再按线装夹。

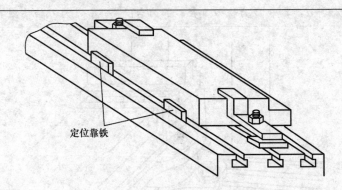

定位靠铁

图 7-50 用压板装夹工件

说明：当较大工件不适宜用机用平口钳装夹时，可将工件直接放置在工
作台台面上，并使工件台阶方向与工作台的纵向进给方向一致，
然后用压板压紧。当大量生产时，也可用定位靠铁定位装夹。

2. 在卧式铣床上铣台阶

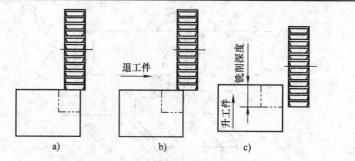

图 7-51　铣削深度的调整

说明： 第一，起动铣床主轴，调整工作台各个方向手柄，使铣刀外圆柱面刀齿刚刚擦到工件的待加工表面（图 7-51a）；第二，横向退出工件（图 7-51b）；第三，摇动工作台升降手柄，按刻度盘上升到要加工的深度值，紧固升降台锁紧装置（图 7-51c）。

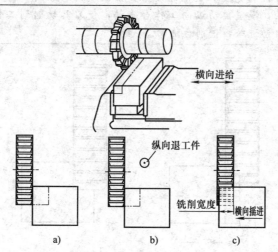

图 7-52　铣削宽度调整

说明： 第一，移动横向工作台，使铣刀处在工件的外侧（靠近固定钳口的一侧），起动铣床，慢慢摇动横向工作台，使铣刀的一侧面刚刚擦到工件侧面（图 7-52a）；第二，移动纵向工作台，将工件退出（图 7-52b）；第三，根据确定的铣削宽度，按刻度盘摇动横向工作台，紧固横向工作台（图 7-52c）。

2. 在卧式铣床上铣台阶

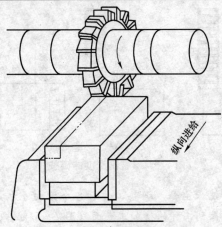

图 7-53 单侧台阶的铣削过程

说明： 调整好铣削宽度和铣削深度后，紧固横向和纵向工作台，起动铣床主轴，慢慢摇动纵向工作台手柄，使刀具切削到工件，然后转换为自动进给，铣削台阶面。

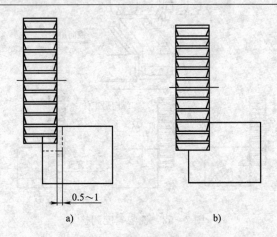

a)   b)

图 7-54 分层法铣单侧台阶面

说明： 采用两次以上进给来铣削台阶面，避免"让刀"现象。一般在第一刀时先预留 0.5～1mm 余量铣够宽度尺寸（图 7-54a）；然后分多次进给保证台阶的垂直度要求（图 7-54b）。此法适用于垂直度要求较高，台阶深而窄的工件铣削。

2. 在卧式铣床上铣台阶

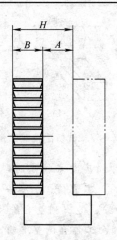

图 7-55　双面台阶的铣削方法

说明：按单侧台阶面的铣削方法铣削一侧台阶面后，纵向退刀，使刀具退到工件外侧，再将横向工作台移动一个距离 H，不用再调整铣削深度，直接铣削另一侧台阶面即可。移动距离 $H = A + B$，其中 A 为两台阶面间凸台的宽度；B 为铣刀宽度。

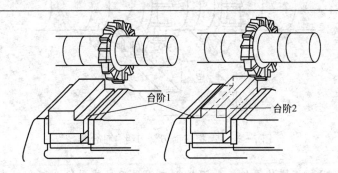

台阶1　　台阶2

图 7-56　换面法铣削双面对称台阶

说明：在一侧的台阶铣好后，松开机用平口钳，将工件调转 $180°$ 重新装夹，不用调整铣刀直接铣另一侧台阶面。此法适用于台阶凸起部分尺寸精度要求不高的对称台阶面的铣削，可获得较高的对称度。

2. 在卧式铣床上铣台阶

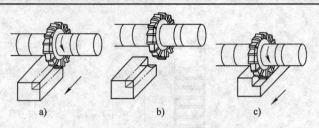

a)　　　　　　b)　　　　　　c)

图 7-57　试切法铣双面台阶

说明： 当台阶凸起部分尺寸精度要求较高时，因铣刀的侧面摆差和铣床
横向丝杠磨损的影响，不宜使工作台一次移动到位，可先试切一
小段距离（图 7-57a），退出测量台阶尺寸（图 7-57b），按实际
测量所得的尺寸将横向工作台调整准确，进行铣削（图 7-57c）。

垫圈厚度与台阶中
间凸台宽度*B*相等

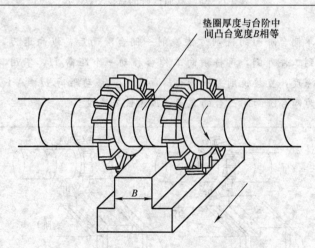

B

图 7-58　两把三面刃铣刀组合铣台阶

说明： 将两把规格相同的三面刃铣刀中间用刀轴垫圈隔开组合起来铣削
两个台阶面，不仅可以提高铣削效率，而且操作简单，能保证加
工的质量要求，适用于成批或大量铣削 T 形台阶。装刀时，注意
铣刀在刀轴上的安装位置和两把铣刀内侧刃间的距离，满足铣刀
和工件的铣削位置要求和加工要求。为减轻铣削中的振动，安装
时应把两把刀错开半个刀齿。

2. 在卧式铣床上铣台阶

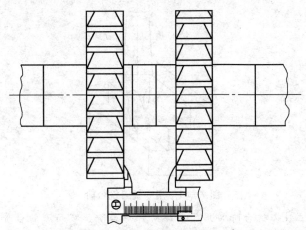

图 7-59　测量法调整铣刀的间距

说明： 铣刀紧固后，用游标卡尺测量两把铣刀相对两切削刃的间隔距离是否符合工件的尺寸要求，若不符合要求按测量值，更换适当厚度的垫片进行调整。间距调整应比实际需要的尺寸略大一些，一般可加大 $0.05\sim0.1$mm，以避免因铣刀的侧面摆动使铣出的尺寸小于图样要求。

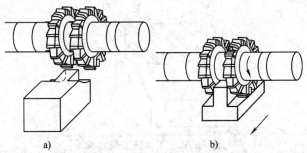

a)　　　　　　　　　　b)

图 7-60　试切法调整铣刀的间距

说明： 对于凸起尺寸较高的 T 形工件，可采用废料试切法，先加工一小段凸台（图 7-60a），测量试切凸台宽度，再根据实际加工后的尺寸调整垫片厚度后正式铣削（图 7-60b）。

3. 在立式铣床上铣台阶

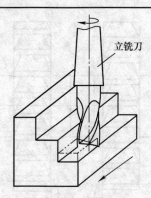

图 7 - 61　用立铣刀铣台阶

说明：用立铣刀铣台阶常用于多级阶梯形台阶、窄而深的台阶或内台阶的铣削。用立铣刀铣台阶时，铣刀外圆切削刃起主要的切削作用，端面切削刃只起到修光的作用。立铣刀的直径一般应大于台阶宽度，一次性铣够宽度，切削刃的长度大于铣削台阶的高度，避免接刀。在条件允许的情况下，尽量选择较大的直径，以选择较大的铣削用量，提高铣削效率。

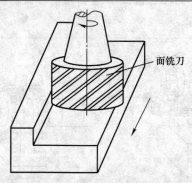

图 7 - 62　用面铣刀铣台阶

说明：面铣刀刀杆刚性强，可采用较大的铣削用量，一次铣出台阶面，生产率和加工精度均比采用三面刃铣刀或立铣刀加工时高，适用于在立式铣床上铣削宽而浅的台阶，如常见的 L 形台阶。一般面铣刀的直径大于要铣台阶的台阶面宽度，一次进给，铣削整个台阶宽度，减少进给次数。

3. 在立式铣床上铣台阶

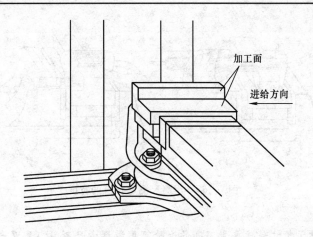

图 7-63　工件的装夹要求

说明：在立式铣床上用面铣刀、立铣刀铣台阶，装夹工件时，要保证工件的加工面与工作台进给方向平行或垂直，保证台阶面的铣削质量。

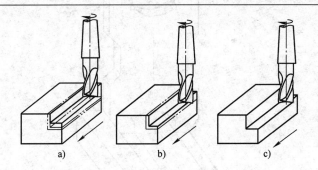

图 7-64　用立铣刀铣台阶的注意事项

说明：由于立铣刀主切削刃较长，刚性较差，铣削时容易产生"让刀"现象，甚至造成铣刀折断，加工时一般先铣够其宽度要求，然后分两次或两次以上进给铣至深度要求（图 7-64a），或宽度或深度方向留出余量后分层次粗铣（图 7-64b），最后将台阶的宽度和深度精铣至要求（图 7-64c）。

4. 台阶的测量

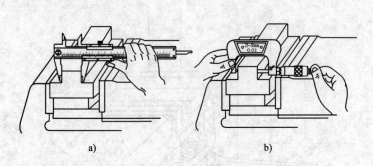

图 7－65　用测尺测量台阶的宽度

说明： 对于尺寸精度要求不高的台阶可用游标卡尺测量（图 7－65a）；对于尺寸精度要求较高的台阶可选用外径千分尺测量（图 7－65b）。

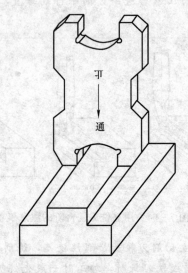

图 7－66　用极限量规检测台阶的宽度

说明： 对于深度较浅或不便使用千分尺检测的台阶，可用极限量规检测工件台阶凸台尺寸是否合格。

4. 台阶的测量

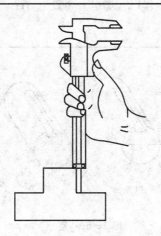

图 7-67　用游标卡尺测量台阶的深度

说明：用带有深度尺的游标卡尺测量工件的深度，游标卡尺要放垂直，
　　　不要前后、左右倾斜。

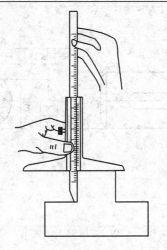

图 7-68　用深度游标卡尺测量台阶的深度

说明：用深度游标卡尺测量深度时，要把深度游标卡尺尺架贴住工件平
　　　面，再将主尺插到底部并用制动螺钉紧固后读数即得到台阶的深
　　　度尺寸。

四、铣 键 槽

1. 概述

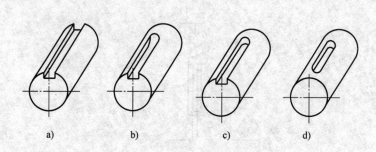

图 7-69　键槽

说明： 键槽是轴类零件上安装平键用的直角沟槽，常见的有敞开式（图 7-69a）、半封闭式（图 7-69b、c）和封闭式（图 7-69d）三种。

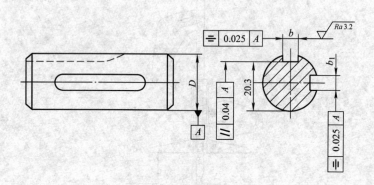

图 7-70　键槽的工艺要求

说明： 键槽通常要与键配合使用，键槽的工艺要求主要有以下三点：一是要保证槽宽精度（b 和 b_1）；二是要保证键槽与轴线的对称度（0.025mm）；三是要保证槽底面对轴线的平行度（0.04mm）。除上述三点外还要保证配合面的表面粗糙度（$Ra3.2\mu m$）。

1. 概述

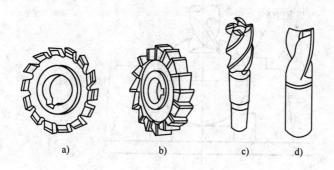

图 7-71 可铣键槽的铣刀

说明：铣键槽的常用铣刀有盘形铣刀（图 7-71a）、三面刃铣刀（图 7-71b）、立铣刀（图 7-71c）和键槽铣刀（图 7-71d）。一般敞开式键槽通常用盘形槽铣刀（也可用三面刃铣刀）铣削；封闭式键槽多采用键槽铣刀（也可用立铣刀）铣削；半封闭式键槽根据封闭端情况可采用盘形铣刀或键槽铣刀铣削。

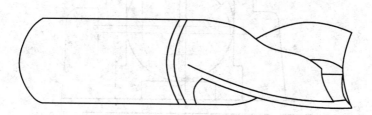

图 7-72 键槽铣刀

说明：键槽铣刀是双刃的，端面切削刃通过中心。用键槽铣刀铣削时，径向力可得到平衡，不易产生"让刀"现象，因此使槽宽尺寸稳定，槽侧直线度较好，同时键槽铣刀可进行轴向进给，铣封闭槽时不用像立铣刀要预钻落刀孔，铣削方便，快捷。

2. 工件的装夹

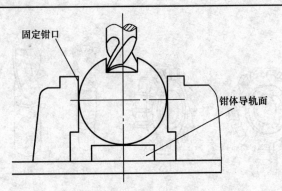

图 7-73　用机用平口钳装夹

说明：机用平口钳装夹工件简单、方便、稳固，适用于单件和直径公差很小的批量工件的生产。用机用平口钳装夹前，要找正钳体的固定钳口平面与工作台纵向进给方向平行，找正钳体导轨面与工作台台面平行。

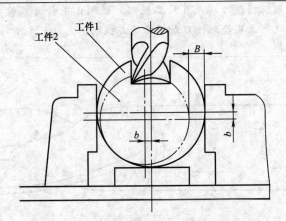

图 7-74　机用平口钳装夹对键槽精度的影响

说明：用平口钳装夹工件，当工件直径发生稍微变化时，工件轴线在左右方向（水平方向）和上下方向（垂直方向）都会发生偏移，即直接影响键槽的深度尺寸和对称度。对于直径偏差很大的批量工件，为提高加工精度，可根据检测实际尺寸分组进行铣削。

2. 工件的装夹

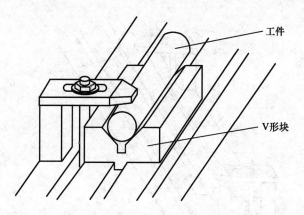

图 7-75　用 V 形块装夹

说明：将轴放在 V 形块内，再用压板压住锁紧，是铣削轴上键槽常用的、比较精确的装夹方法，适用于批量生产。

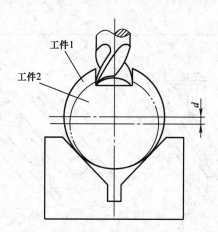

图 7-76　V 形块装夹对键槽精度的影响

说明：用 V 形块装夹时，当一批工件因加工误差而产生变化时，工件只沿 V 形的角平分面上下发生偏移，没有水平偏移，只影响槽深变化量，不影响对称度且槽深变化量不会超过槽深的尺寸公差。

2. 工件的装夹

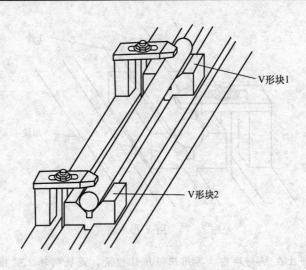

图 7-77　用一对 V 形块装夹

说明：用两个成对制造的同规格 V 形块来定位装夹，适用于较长轴类零件的装夹。

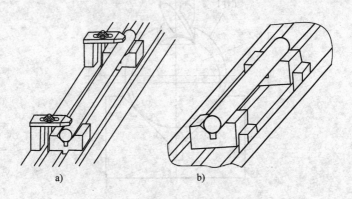

a)　　　　　　　　　　　b)

图 7-78　V 形块的安装

说明：为保证 V 形块安装的位置精度，可选择带凸键的 V 形块，使凸键靠紧 T 形槽一侧定位（图 7-78a），也可选用相同的定位块定位安装 V 形块（图 7-78b）。

2. 工件的装夹

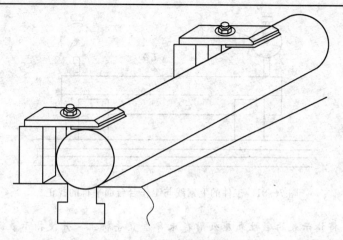

图 7-79　在工作台上直接装夹

说明： 将轴直接放在工作台中间的 T 形槽上，借 T 形槽槽口的倒角斜面定位，与 V 形块定位相同，再用压板压紧。此法装夹方便，节省找正时间，装夹刚性较好，适用于在长轴上铣键槽。

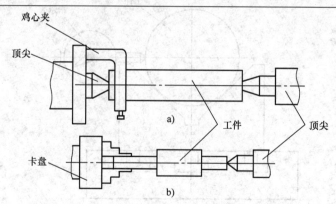

图 7-80　用分度头定中心装夹

说明： 用分度头主轴与尾架两顶尖装夹工件（图 7-80a）或一夹一顶装夹工件（图 7-80b），工件的轴线位置是确定的，不会因直径变化而变动，直径的变化不影响键槽的对称度，只影响键槽的深度，与 V 形块装夹工件相似。

2. 工件的装夹

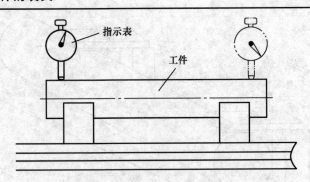

图 7-81　工件的上素线与工作台台面平行的找正

说明：将指示表的磁性表座吸附在床身垂直导轨上，并使指示表测头与工件上表面接触，移动纵向工作台，找正工件外圆柱面上素线的两端，工件两端最高点在指示表上读数的差值，即为工件上素线高低差值。调整，直到两点的差值在允许范围内为止。

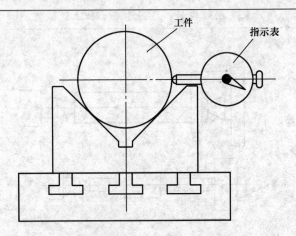

图 7-82　工件的侧素线与工作台进给方向平行的找正

说明：将图 7-81 所示的指示表旋转 $90°$，移动升降工作台，并使指示表测头与工件侧面接触，移动纵向工作台，找正工件外圆柱面侧素线，若两端的读数相同，则工件的侧素线与工作台进给方向平行，否则调整夹具，直至符合要求为止。

3. 对刀方法

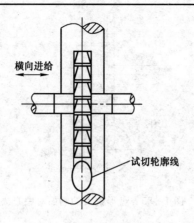

横向进给

试切轮廓线

图 7-83　盘形铣刀的切痕对中心法

说明： 摇动工件台手柄，将工件大致调整到铣刀中心位置上，起动机床，通过横向进给，在工件表面上铣出一个略大于铣刀宽度的椭圆形切痕，然后移动横向工作台，目测使铣刀宽度落在椭圆的中间位置上，即完成铣刀的对刀。此法简便但准确性不高。

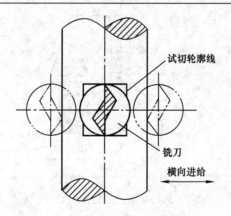

试切轮廓线

铣刀

横向进给

图 7-84　键槽铣刀的切痕对中心法

说明： 原理与盘形铣刀的切痕对刀法相同，只是键槽铣刀铣出的切痕是一个矩形小平面。对刀时，使键槽铣刀两切削刃在旋转时落在小平面的中间位置即可。

3. 对刀方法

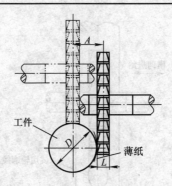

图 7-85　盘形铣刀的侧面对中心法

说明：在工件侧面贴上一浸有机油的薄纸，起动主轴，将盘形铣刀逐渐
　　　靠近工件，当铣刀侧刃刚擦到薄纸时，向下退出工件，并移动横
　　　向工作台，使铣刀对准工件中心。工作台横向移动的距离 A 为

$$A=(D+L)/2+s$$

　　　其中：D 为工件直径；L 为铣刀宽度；s 为薄纸厚度。

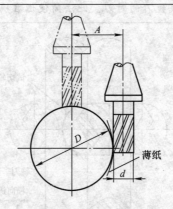

图 7-86　键槽铣刀的侧面对中心法

说明：与图 6-85 盘形铣刀侧面对刀法相同，只是工作台横向移动的距离
　　　不同，工作台横向移动的距离 A 为

$$A=(D+d)/2+s$$

　　　其中：D 为工件的直径；d 为键槽铣刀的直径；s 为薄纸的厚度。

3. 对刀方法

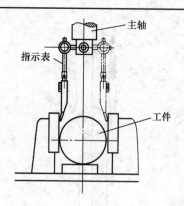

图 7-87 机用平口钳装夹时的杠杆指示表对中心法

说明：将杠杆指示表固定在立式铣床主轴下端，用手盘动主轴，观察指示表在机用平口钳两侧钳口面的读数，移动横向工作台，使指示表在机用平口钳两侧的读数相同，则铣床主轴中心就对准工件的轴线。此法对刀较精确。但对刀时，夹紧力不能太大，以免活动钳口上抬，影响精度。此法适用于立式铣床上。

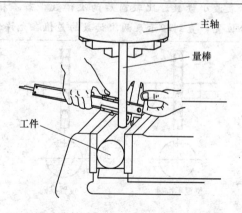

图 7-88 机用平口钳装夹时的测量对中心法

说明：在立式铣床主轴上装夹一根与铣刀直径相近的标准量棒，用游标卡尺分别测量量棒与两侧钳口平面间的距离，调整主轴位置，直至两侧距离相等，即对准中心，卸下量棒，换上铣刀即可进行铣削。

3. 对刀方法

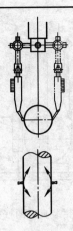

图 7-89　V形块装夹工件时的杠杆指示表对中心法

说明：将杠杆指示表固定在立式铣床主轴下端，上下移动工作台，使指示表的测头与工件外圆一侧的最突出的素线接触，再用手左右盘转主轴，记下指示表的最小读数，然后将工作台向下移动，退出工件，并将主轴转过180°，用同样的方法，在工件外圆的另一侧，测得指示表最小读数。比较前后两次读数，若不相等，则调整横向工作台位置，直到指示表两次读数的差值在允许的范围内。

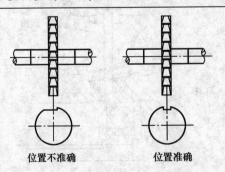

位置不准确　　　　　位置准确

图 7-90　试切工件调整铣削位置

说明：手动缓慢移动工作台，用铣刀铣削工件，若轴的一侧先出现台阶，而另一侧没出现台阶，则定位位置不准确，应将工件出现台阶一侧向铣刀方向作微量横向调整，直至轴的两侧同时出等高的小台阶为止。

4. 键槽的铣削

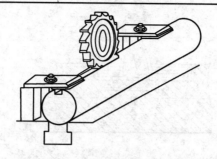

图 7-91　一次进给铣削成形法

说明：一次进给铣削成形法主要用于在卧式铣床上用三面刃铣刀或盘形铣刀铣削敞开式和一端为圆弧形的半封闭式键槽。具体操作方法：一按照键槽的宽度尺寸选择铣刀；二装夹工件；三调整铣刀中心位置；四将旋转的铣刀主切削刃与工件上表面接触，纵向退出工件；五按键槽深度上升工作台；六锁紧横向进给机构，铣削键槽。键槽的尺寸精度取决于铣刀的精度。

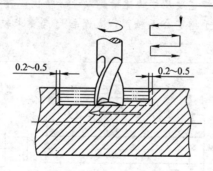

图 7-92　分层法铣削键槽

说明：分层法铣削键槽主要用于在立式铣床上用立铣刀或键槽铣刀铣削封闭式和一端为直角的半封闭式，且键槽长度尺寸较短、生产数量不多的键槽。具体的操作方法是每次进给时铣削深度取 0.5～1mm，手动进给由键槽一端铣向另一端，再调整铣削深度，重复铣削，注意键槽两端分别留 0.2～0.5mm 余量，在达到键槽深度后，再铣去两端余量，最后达到图样的尺寸要求。

4. 键槽的铣削

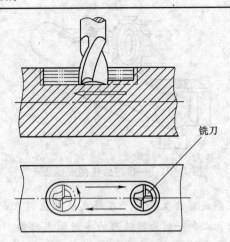

图 7-93　用扩铣法铣键槽

说明：先用直径比槽宽尺寸略小的键槽铣刀分层往复地粗铣至槽深，并
　　　在槽深留 0.1～0.3mm 余量，槽长两端各留 0.2～0.5mm 余量，
　　　再用符合键槽宽度尺寸的键槽铣刀进行精铣，直至达到尺寸要求。
　　　此法主要用于槽宽公差较严，表面粗糙度要求较高的封闭键槽的
　　　铣削。

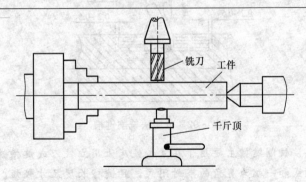

图 7-94　用千斤顶支承铣削部位

说明：用千斤顶支承铣削主要用于装夹跨距较大的长轴工件的铣削。为
　　　了避免铣削时铣削力使工件产生振动和弯曲，提高装夹的刚度，
　　　千斤顶一般支承在轴的切削位置的下方。

4. 键槽的铣削

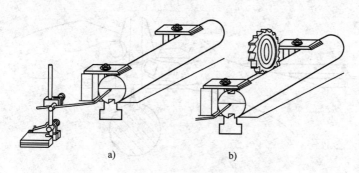

图 7-95　按划线找正法铣削对称键槽

说明： 按前面介绍键槽的铣削方法铣好第一个键槽后，用划针盘或高度尺在轴的端面划一条与工作台台面平行的直线，然后松开夹具，将工件转过180°，用划针盘找正划线（图7-95a），夹紧工件后即可用同样的方法加工第二个键槽（图7-95b）。用此法时刀具不用再对中心。

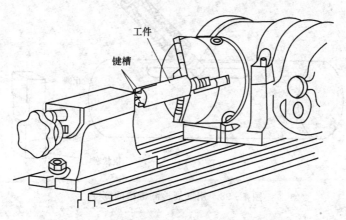

图 7-96　用分度头装夹铣对称键槽

说明： 用分度头装夹铣削完第一个键槽后，将分度头主轴回转180°，再铣削第二个键槽即可，两键槽的对称精度取决于分度头回转精度。

5. 键槽的测量

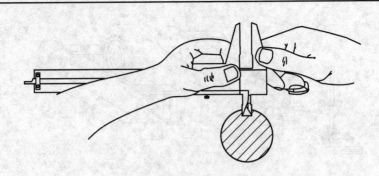

图 7 - 97 用游标卡尺检测键槽的宽度

说明：用游标卡尺检测键槽宽度适用于精度要求不高键槽的测量。测量时要注意端正游标卡尺，测量爪要与键槽面充分接触。

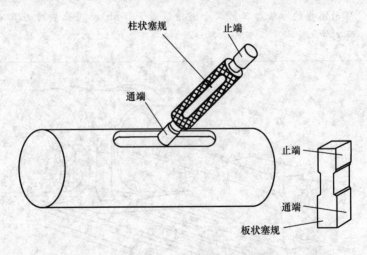

图 7 - 98 用塞规检测键槽的宽度

说明：用塞规检测键槽的宽度时，以塞规的通端通，止端止为合格，检测方便、快捷、精度高，适用于槽宽公差较严键槽的检测，此法不但能检验出槽宽大小是否合格，而且能确定槽宽是否有锥度。

5. 键槽的测量

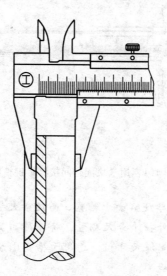

图 7-99　用游标卡尺检测键槽的槽深

说明：用游标卡尺检测键槽的槽深适用于敞开式和半封闭式键槽的测量。

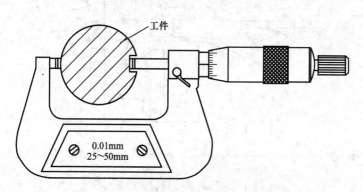

图 7-100　用外径千分尺检测键槽的槽深

说明：用外径千分尺检测键槽的槽深适用于槽宽较大的键槽的检测。测量尺寸要直接读出，注意取下工件时要先将测微螺杆收回。

5. 键槽的测量

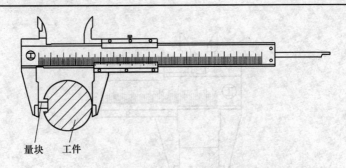

图 7-101　用量块配合间接测量键槽的槽深

说明：在槽内放一块厚度略小于槽宽、高度略大于槽深的量块，然后再用游标卡尺或外径千分尺测量。将测得的实际尺寸减去键块的高度尺寸，即得槽深尺寸值。适用于槽宽小于外径千分尺测微螺杆直径的键槽的检测。

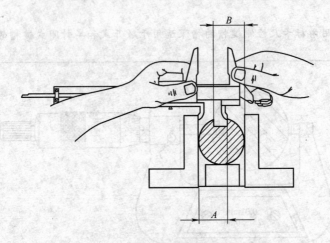

图 7-102　用测量法检测键槽的对称度

说明：将90°角尺的两工作面分别和工作台台面及工件侧面相靠，然后用游标卡尺先后测量尺寸 A 和 B，两尺寸差的一半即为键槽对称度的极限偏差。

5. 键槽的测量

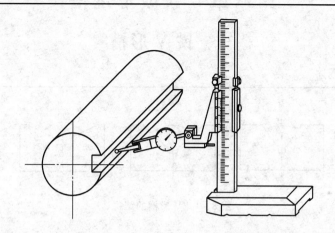

图 7-103　用指示表和高度尺检测键槽的对称度

说明：在高度尺上固定一杠杆指示表，将指示表的测头先后与键槽的两
　　　　侧面接触，两次读数差的一半就是对称度的极限偏差。

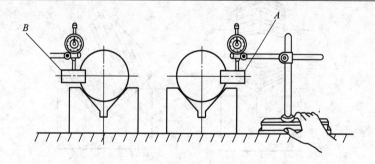

图 7-104　用指示表和塞块检测键槽的对称度

说明：对称度的检测分三步：一是将一块厚度与键槽宽度尺寸相同的塞
　　　　块塞入键槽内，用指示表找正塞块的 A 平面与平板或工作台台面
　　　　平行并记下指示表读数；二是将工件转过 180°，再用指示表找正
　　　　塞块的 B 平面与平板或工作台台面平行并记下指示表读数；三是
　　　　计算出两次读数的差，即得到键槽的对称度公差。

第八章　铣成形沟槽

一、铣 V 形槽

1. 概述

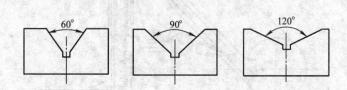

图 8-1　V 形槽的结构

说明：V 形槽是由对称于槽中心的两斜面组成的角度槽，槽底为方便加工和安装加工成的一条窄槽。一般两侧面的夹角（又称为槽角）有 60°、90° 和 120° 三种规格，其中以 90° 最常用。

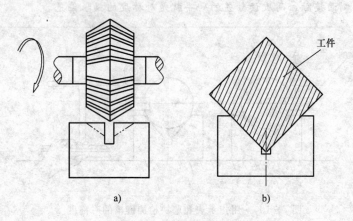

a)　　　　　　　　　　　　　　b)

图 8-2　V 形槽窄槽的作用

说明：V 形槽窄槽主要起工艺槽的作用。一可以防止在铣削过程中损坏刀尖，或在磨削加工中起退刀槽的作用（图 8-2a）；二可以存储切屑；三可以保证安装时零件与 V 形槽面充分接触，不致使尖角被槽底搁起（图 8-2b）

1. 概述

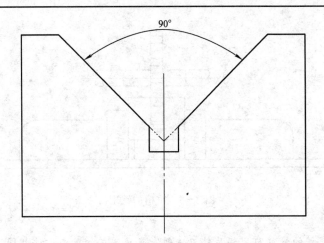

图 8-3　加工工艺要求

说明：V形槽的加工工艺要求有三点：一是保证 V 形槽的角度要求（如90°）；二是 V 形槽的中心和窄槽中心重合且与基准面（底面）垂直；三是槽底窄槽要略深于 V 形槽两斜面的交线。

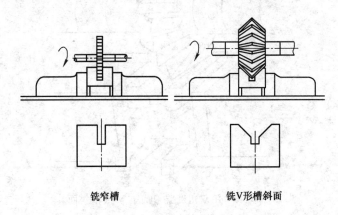

铣窄槽　　　　　　　　铣V形槽斜面

图 8-4　V 形槽的铣削工艺过程

说明：V形槽的铣削工艺过程分两个基本步骤：第一步，铣削工艺窄槽；第二步，铣削 V 形槽两斜面。

2. 用角度铣刀铣 V 形槽

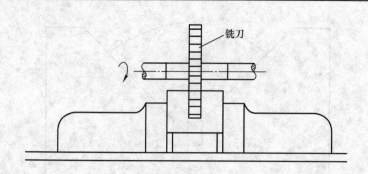

图 8-5　窄槽的铣削

说明：窄槽的铣削与用锯片铣刀铣削窄直角沟槽的加工方法相同。

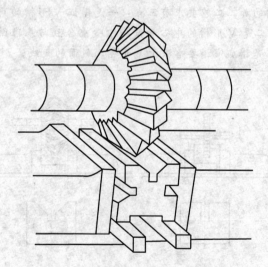

图 8-6　用双角度铣刀加工 V 形槽斜面

说明：在卧式铣床上安装与槽角相同的双角度铣刀铣削 V 形槽斜面，一次铣削将两侧面同时铣出。此法加工简便，效率高，但槽的精度由铣刀的精度决定。适用于槽角小于或等于 90° 的 V 形槽的铣削。

2. 用角度铣刀铣 V 形槽

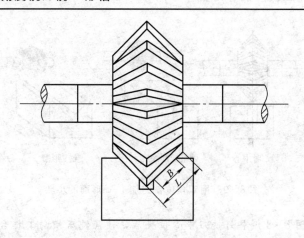

图 8-7　双角度铣刀的选择

说明： 双角度铣刀的选择原则：铣刀的角度与加工 V 形槽的槽角尺寸相同，铣刀切削刃的宽度 L 要大于槽口宽度 B。

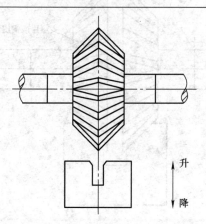

图 8-8　双角度铣刀中心的调整

说明： 以加工好的窄槽为准，摇动工作台手柄，调整铣刀位置，使双角度铣刀的刀尖对准窄槽的中间，起动铣床，提升工作台，使铣刀两侧同时切到窄槽口的两边进行试切，若试切两侧的倒角均匀，即对准中心；否则应再按上述方法调整铣刀的位置。

2. 用角度铣刀铣 V 形槽

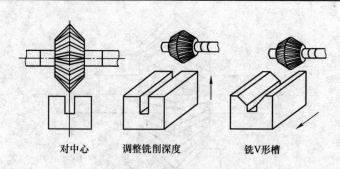

对中　　　　调整铣削深度　　　　铣V形槽

图 8-9　用双角度铣刀加工 V 形面的步骤

说明：按图 8-8 调整好铣刀中心位置后，锁紧铣床横向工作台，纵向退出工件，调整铣削深度，铣削 V 形槽至要求尺寸。

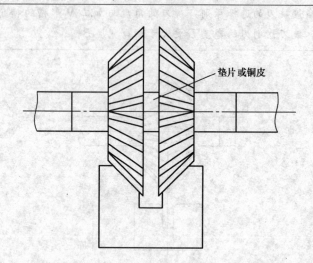

垫片或铜皮

图 8-10　用两个单角度铣刀组合加工 V 形槽

说明：采用两把直径、角度相同（廓形角等于 V 形槽角半角），而刃口相反的单角度铣刀背对背组合起来加工 V 形槽。安装时，在两把单角度铣刀中间垫上适当厚度的垫片，相当于用一把双角度铣刀加工 V 形槽，具体方法与前述相同。

2. 用角度铣刀铣 V 形槽

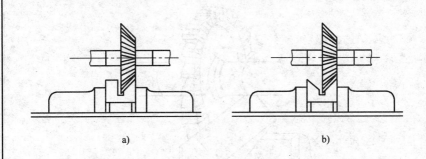

图 8-11　用单角度铣刀调转工件法加工 V 形槽

说明：先用廓形角等于 V 形槽槽角一半的单角度铣刀加工出 V 形面一侧
斜面，与斜面铣削方法相同（图 8-11a），再将工件翻转 180°装
夹，加工出另一侧斜面（图 8-11b）。此法适用于定位精度较高的
工件。此法加工时装夹调整比较费时，但若装夹位置准确，加工
出的 V 形槽对称性较好。

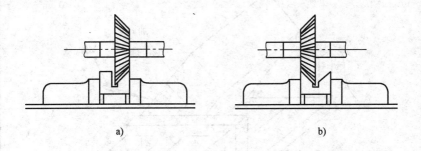

图 8-12　用单角度铣刀调转铣刀法加工 V 形槽

说明：按图 8-12a 所示铣出一侧斜面后，将单角度铣刀翻转 180°装夹，
再加工 V 形面的另一侧斜面（图 8-12b）。此法适用于工件装夹定
位面精度不高，尤其是坯料两侧面平行度要求不高的工件铣削。

3. 用三面刃铣刀铣 V 形槽

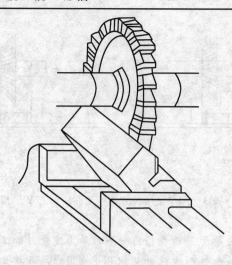

图 8-13　用三面刃铣刀铣 V 形槽

说明：用三面刃铣刀铣 V 形槽适用于在卧式铣床上铣削外形尺寸较小，精度要求不高，且槽角大于等于 90°的 V 形槽。

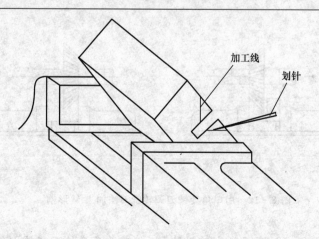

加工线

划针

图 8-14　工件的装夹方法

说明：先按图样要求在工件表面划出加工线，再用划针按划线找正 V 形槽的待加工斜面，使其与工作台台面平行。

3. 用三面刃铣刀铣 V 形槽

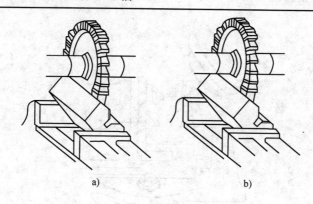

a)   b)

图 8-15 三面刃铣刀铣 V 形槽的步骤

说明：三面刃铣刀铣 V 形槽分两个步骤：第一步，按图 8-14 方法装夹
好工件后，用三面刃铣刀对 V 形槽的一个斜面进行铣削，直至符
合要求（图 8-15a）；第二步，翻转工件重新装夹找正 V 形槽的另
一个斜面并铣削（图 8-15b），方法与第一步相同。

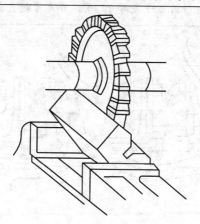

图 8-16 一次装夹铣削 V 形槽

说明：对于槽角等于 90°且尺寸不大的 V 形槽，可用三面刃铣刀在一次装
夹中同时完成两个斜面的铣削。V 形槽的加工精度由铣刀圆周切
削刃与端面切削刃的精度决定，适用于槽角精度要求不高的 V 形
槽铣削。

4. 用立铣刀铣 V 形槽

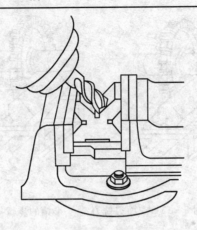

图 8 - 17 用立铣刀或面铣刀铣削 V 形槽的方法

说明： 将立铣头扳转一定的角度对工件进行铣削，与扳转角度铣斜面的
方法相同，扳转角度为槽角角度的一半。此法适合于在立式可转
位铣床上铣削槽角大于或等于 90°，且尺寸较大的 V 形槽。

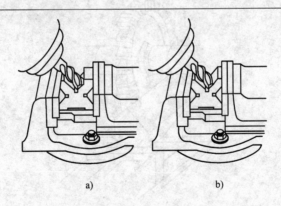

a)   b)

图 8 - 18 用立铣刀或面铣刀铣削 V 形槽的步骤

说明： 用立铣刀或面铣刀铣削 V 形槽一般分两步：先用立铣刀或面铣刀
铣削 V 形槽的一个槽面（图 8 - 18a）；再将工件调转 180°重新装
夹，再铣削另一个槽面（图 8 - 18b），也可将立铣头反方向扳转后
铣另一个斜面。

5. V形槽的测量

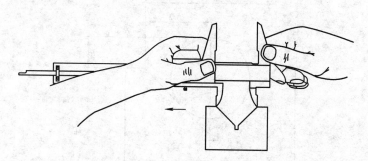

图 8-19 用游标卡尺直接测量法测 V 形槽的槽口宽度

说明：用游标卡尺对 V 形槽槽口直接测量得出槽宽尺寸。此法测量精度较差，主要用于粗测。

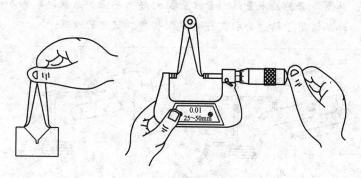

图 8-20 用外径千分尺测量 V 形槽的槽口宽度

说明：用外卡钳测出 V 形槽槽口宽度，再用外径千分尺测出外卡钳测量爪的尺寸即得出 V 形槽槽口宽度。此法测量的准确度受操作者操作手法的限制。

5. V形槽的测量

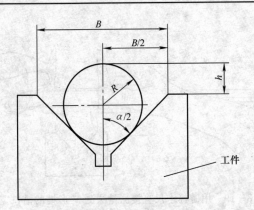

图 8-21　间接测量法测 V 形槽槽口宽度

说明：将标准量棒放到 V 形槽内，用游标高度卡尺测出尺寸值 h，再按公式计算出 V 形槽宽度 B。计算公式为

$$B = 2\tan(\alpha/2)\left[R/\sin(\alpha/2) + R - h\right]$$

其中：R 为标准量棒的半径，单位为 mm；α 为 V 形槽槽角，单位为（°）h 为标准量棒上素线至 V 形槽上平面的距离，单位为 mm。此法适用于精度要求较高的 V 形槽槽口宽度的检测。

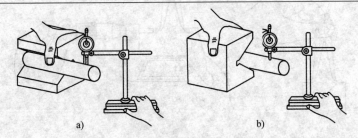

图 8-22　用指示表检测 V 形槽的对称度误差

说明：用指示表检测 V 形槽对称度误差分三步：第一步，以 V 形槽一侧斜面为基准，测出标准高点值（图 8-22a）；第二步，以 V 形槽另一侧斜面为基准，测出标准量棒的高点值（图 8-22b）；第三步，将两个值相减即得出对称度误差。

5. V形槽的测量

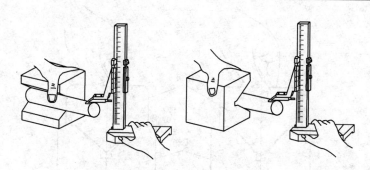

图 8-23　用游标高度卡尺检测 V 形槽的对称度误差

说明：用游标高度卡尺检测 V 形槽的对称度误差，与图 8-22 所示用指
示表检测 V 形槽对称度误差的步骤相同，用游标高度卡尺替代指
示表直接测出标准量棒的高点值。

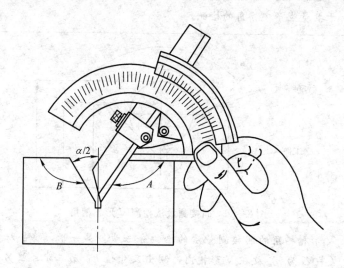

图 8-24　用游标万能角度尺检测 V 形槽的槽角

说明：用游标万能角度尺直接测出 V 形槽的辅角 A 或 B，再利用角度关
系计算出 V 形槽的半角值。即 $\alpha/2 = B - 90°$ 或 $\alpha/2 = A - 90°$。

5. V形槽的测量

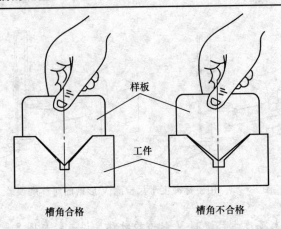

图 8 - 25　用角度样板检测 V 形槽槽角

说明：将标准的角度样板放入 V 形槽内，观察工件 V 形槽两侧面与样板
　　　间缝隙的均匀程度，检测槽角是否合格，此法方便、快捷，多用
　　　于批量生产中槽角的检测。

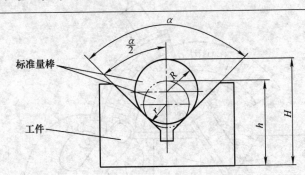

图 8 - 26　间接测量法检测 V 形槽槽角

说明：V 形槽槽角的间接测量法的检测分三步：第一步，将一标准量棒
　　　（半径为 r）放在 V 形槽内，测出尺寸值 h；第二步，将另一标准
　　　量棒（半径为 R，且 $R \neq r$）放在 V 形槽内测出尺寸值 H；第三
　　　步，用公式计算出半角值 $\alpha/2$，则

$$\alpha/2 = \arcsin\{(R-r)/[(H-R)-(h-r)]\}$$

　　　此法主要用于槽角要求较高的 V 形槽的检测。

二、铣 T 形槽

1. 概述

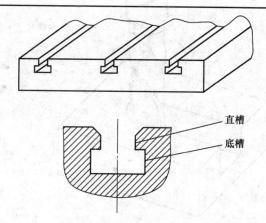

图 8 - 27 T 形槽

说明：T 形槽由直槽和底槽组成，且底槽的两侧面与直槽平行，对称于直槽的中心平面。T 形槽主要用于定位和固定，精度要求较高。

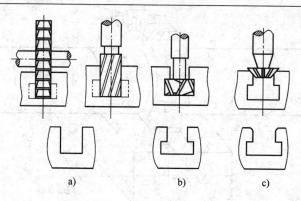

a) b) c)

图 8 - 28 T 形槽的铣削步骤

说明：T 形槽的铣削一般分三步进行：第一步，铣中间直角槽（图 8 - 28a）；第二步，铣 T 形槽（图 8 - 28b）；第三步，铣槽口倒角（图 8 - 28c）。

2. 中间直槽的铣削

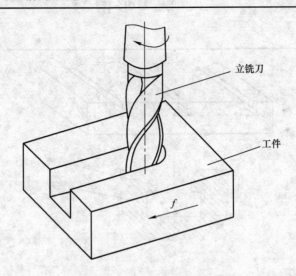

图 8-29　用立铣刀铣中间直槽

说明：用立铣刀铣中间直槽适用于封闭直角槽的铣削。

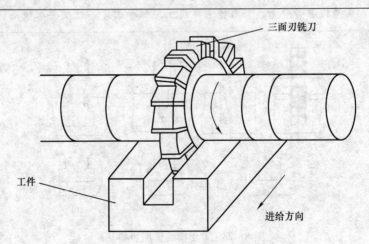

图 8-30　用三面刃铣刀铣中间直槽

说明：用三面刃铣刀铣中间直槽适用于两端是敞开直角槽的铣削，与铣直角沟槽相同。

3. 槽底的铣削

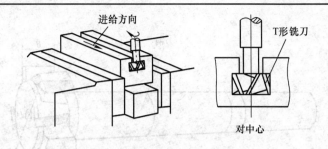

图 8-31　T形槽槽底的铣削

说明：在立式铣床上安装合适的T形槽铣刀，调整工作台使T形槽铣刀
的端面与直角槽的槽底对齐，并使铣刀对正中间直槽的中心，在
铣好直角槽的底部铣出T形槽的底槽即可。

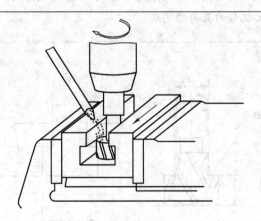

图 8-32　铣槽底的注意事项

说明：铣槽底时，要经常退刀并及时清除切屑，防止切屑排出不畅阻塞，
折断铣刀。当铣削钢件工件时，要充分浇注切削液，以保证铣刀
处于良好的切削状态。T形槽铣刀的强度比较差，尤其是颈部，
为了避免铣刀折断或崩刃，加工过程中要注意铣削用量的选择，
应选用较低的进给速度和切削速度，特别是刚开始对刀铣削时，
要缓慢上刀并随时注意观察铣削情况。

4. T形槽铣刀

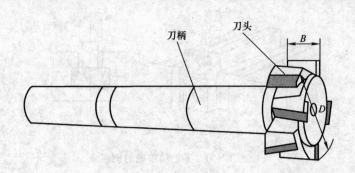

图 8-33　T形槽铣刀

说明：T形槽铣刀属于专用刀具，选用时，按T形槽的公称尺寸选择T
　　　形槽铣刀的宽度D和高度B，同时T形槽铣刀的刀柄直径必须要
　　　小于已铣好的直角槽宽度。

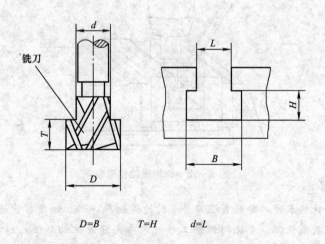

$$D=B \qquad T=H \qquad d=L$$

图 8-34　一次铣削成形用T形槽铣刀

说明：一次铣削成形是指整个T形槽可一次铣削完成，槽的尺寸由铣刀
　　　决定，容易保证上下槽宽的对称性，大大提高了铣削效率和精度。

5. 槽口倒角的铣削

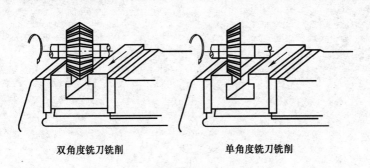

双角度铣刀铣削　　　　　　单角度铣刀铣削

图 8-35　在卧式铣床上铣削槽口倒角

说明：在卧式铣床上直接安装合适的双角度铣刀，将已加工好的 T 形槽的槽口倒角一次铣出，铣削方便；也可用单角度铣刀铣削一侧倒角后，再翻转工件或铣刀铣另一侧倒角。

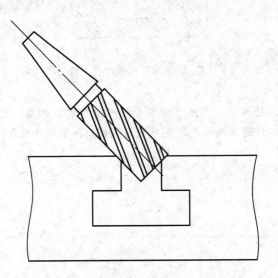

图 8-36　用立铣刀扳转角度铣削槽口倒角

说明：在立式可转位铣床上扳转适当的角度铣削与铣斜面方法相同。

5. 槽口倒角的铣削

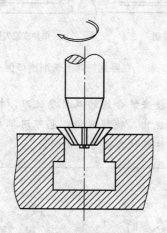

图 8 - 37　在立式铣床上用角度铣刀铣削槽口倒角

说明：在立式铣床上安装适当的角度铣刀铣削槽口倒角，也可将废旧的
立铣刀修磨成适当的角度替代角度铣刀铣削槽口倒角。

三、铣燕尾槽

1. 概述

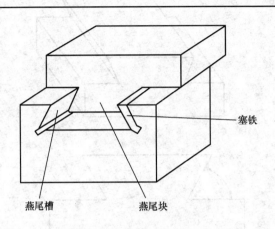

图 8-38 燕尾结构

说明：燕尾结构由配合使用的燕尾槽和燕尾组成，两者之间有相对直线
运动，常用作机器移动部件的导轨，各部位配合精度要求较高。
用作导轨槽配合时，燕尾槽一般做有 1∶50 的斜度，用于安装塞
铁，调整配合间隙。

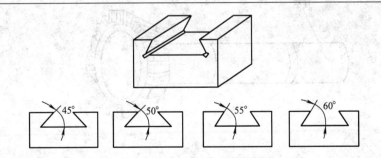

图 8-39 燕尾槽

说明：燕尾的角度有 45°、50°、55°、60° 等多种，其中最常用的有 55°
和 60°。

1. 概述

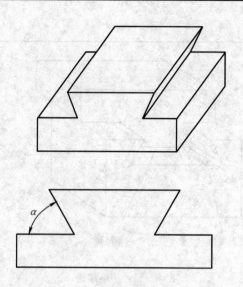

图 8-40 燕尾块

说明：燕尾块又称为燕尾，是与燕尾槽配合使用的，燕尾块的角度、宽度、深度与相配的燕尾槽相匹配。

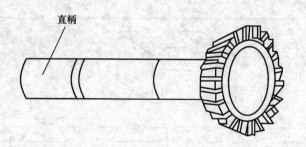

图 8-41 燕尾槽铣刀

说明：燕尾槽铣刀一般是整体柄式铣刀，柄部是直柄，使用时一般用弹簧夹头安装在立式铣床上铣削燕尾。

1. 概述

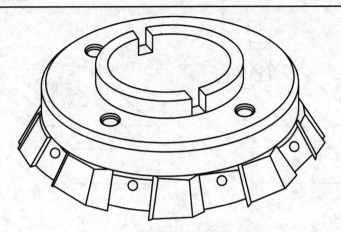

图 8-42　机夹硬质合金燕尾槽铣刀

说明： 用楔块螺钉夹紧硬质合金刀片，提高了刀具寿命，铣削效率也比高速工具钢整体式铣刀高，主要用于较大的燕尾加工。

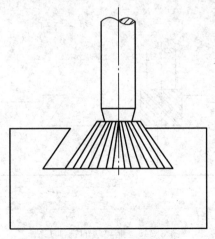

图 8-43　燕尾槽铣刀的选择

说明： 选择时，主要选择铣刀的廓形角与燕尾槽的槽形角 α 要相等，另外，在满足加工条件的情况下尽量选择直径大些的铣刀，增加铣刀的刚性。

2. 燕尾槽的铣削

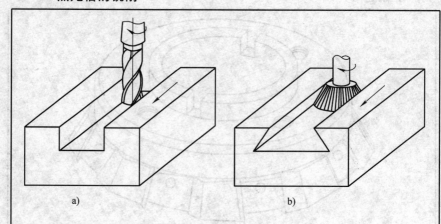

图 8 - 44　燕尾槽的铣削方法

说明：燕尾槽的铣削一般分两步：第一步，铣直角沟槽（图 8 - 44a）；第
　　　　二步，铣燕尾槽（图 8 - 44b）。

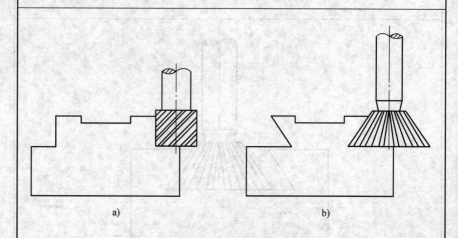

图 8 - 45　燕尾块的铣削方法

说明：燕尾块的铣削方法与图 8 - 44 燕尾槽的铣削方法相似，也分两步：
　　　　第一步，用铣刀铣台阶（图 8 - 45a）；第二步，铣燕尾（图 8 -
　　　　45b）。

2. 燕尾槽的铣削

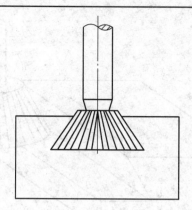

图 8 - 46　燕尾槽的直接铣削方法

说明：对于尺寸较小的燕尾槽，可用燕尾槽铣刀直接铣削成形。铣削燕
　　　尾槽的精度由选用铣刀的精度决定，由于是用燕尾刀一次铣削成
　　　形，铣削用量要选择小些。

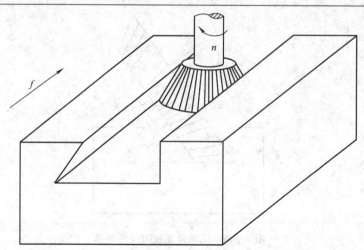

图 8 - 47　用燕尾槽铣刀分层铣燕尾槽的方法

说明：选用廓形角与槽形角相同的燕尾槽铣刀分两次先后铣出两侧的槽
　　　形。为了提高铣削的平稳性，铣削方式最好采用逆铣。

2. 燕尾槽的铣削

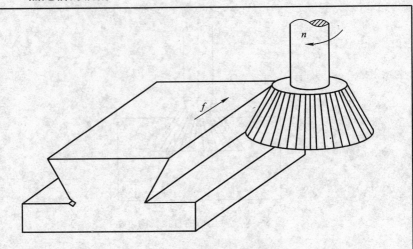

图 8-48　用燕尾槽铣刀铣燕尾

说明：用燕尾槽铣刀铣燕尾与图 8-47 方法相同。

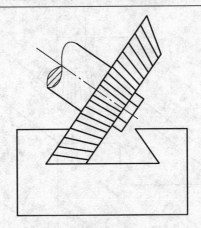

图 8-49　用单角度铣刀铣燕尾槽

说明：在可转位立式铣床上安装单角度铣刀，然后将立铣头扳转一个角
度 $\beta = \alpha$ 后铣削；选用的单角度铣刀的廓形角 θ 与燕尾槽的槽角 α
要相等。主要用于单件生产且没有合适的燕尾槽铣刀的情况下。
用此法也可铣削燕尾块。

3. 燕尾槽的测量

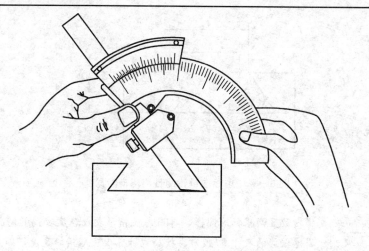

图 8-50　用游标万能角度尺检测燕尾槽的槽角

说明：单件生产时，可用游标万能角度尺检测燕尾槽槽角的角度值。

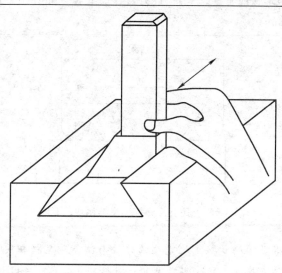

图 8-51　用样板检测燕尾槽的槽角

说明：用样板检测燕尾槽的槽角适用于批量生产。

3. 燕尾槽的测量

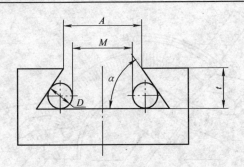

图 8-52　用标准量棒测量燕尾槽的宽度

说明：在燕尾槽内放置两根标准圆棒，再用内径指示表或精度较高的游标卡尺测出圆棒之间的尺寸 M 值，再按公式计算出燕尾槽的宽度，则

$$A = M + (1 + \cot\alpha/2)D - 2t\cot\alpha$$

其中：A 为燕尾槽上口部宽度，mm；M 为两圆棒内侧距离，mm；α 为燕尾槽的角度，(°)；D 为圆棒的直径，mm；t 为燕尾槽的深度，mm。

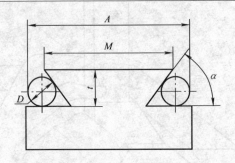

图 8-53　用标准量棒测量燕尾块的宽度

说明：用标准量棒测量燕尾块宽度的方法与测量燕尾槽相同，先用量棒和游标卡尺或千分尺测出 A 值，再按计算公式计算出 M 值，则

$$M = A - (1 + \cot\alpha/2)D$$

其中：M 为燕尾块宽度，mm；A 为两圆棒外侧距离，mm；α 为燕尾块的角度，(°)；D 为圆棒的直径，mm。

四、铣 月 牙 槽

1. 概述

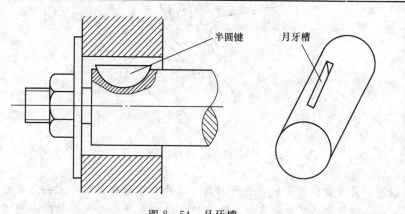

图 8-54 月牙槽

说明：月牙槽是轴上键槽的一种特殊形式，与月牙键相配使用，形状似半圆月亮，因此得名。月牙槽加工简单、工艺性好，便于安装，在机械传动中应用较为广泛。

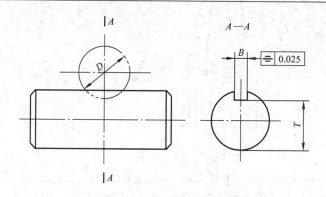

图 8-55 月牙槽的工艺要求

说明：月牙槽与一般轴上的键槽一样，有槽宽（B）、圆弧（D）、深度（T）和中心位置（0.025mm）要求，月牙槽的宽度尺寸精度要求较高，表面粗糙度值要求小，两侧面对称并平行于工件的轴线。

2. 月牙槽铣刀及装夹

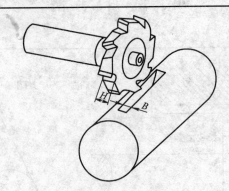

图 8-56　月牙槽铣刀

说明：月牙槽铣刀是一种专用刀具。选择月牙槽铣刀时，主要选择月牙槽铣刀的宽度和直径，铣刀的宽度与直径要与月牙槽配合使用的月牙键一致。一般铣刀安装后先进行试件加工，测量键槽确实符合要求后再用以正式铣削工件。

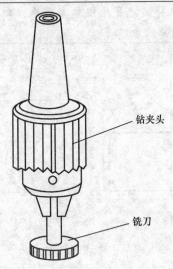

钻夹头

铣刀

图 8-57　月牙槽铣刀的安装

说明：借助钻夹头或弹簧夹头刀轴装夹刀具，并安装在铣床主轴上。

3. 月牙槽的铣削

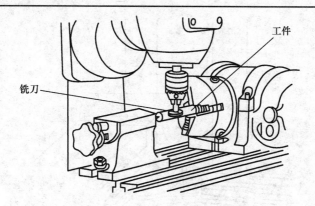

图 8-58　在立式铣床上铣月牙槽

说明：在立式铣床主轴上安装月牙槽铣刀，采用横向进给，直接加工到
　　　深度后即可，加工前要调整好铣刀的位置，使宽度中线对准加工
　　　轴的轴线。由于侧面进刀，所以此法不便于观察。

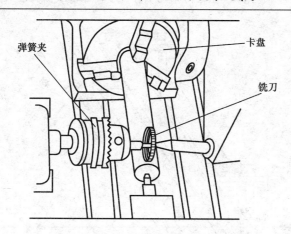

图 8-59　在卧式铣床上铣月牙槽

说明：在卧式铣床主轴上安装月牙槽铣刀，采用垂直进给，直接加工到
　　　槽深后成形。此法观察方便，尺寸容易控制，也可在挂架上加顶
　　　尖顶住铣刀前端顶尖孔，增加铣刀刚性，是月牙槽的另一种加工
　　　方法。

3. 月牙槽的铣削

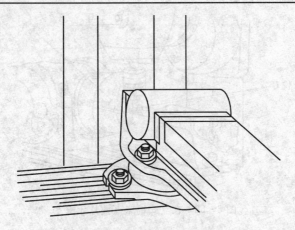

图 8-60　用机用平口钳装夹工件

说明：将工件放到机用平口钳内装夹，装夹前找正机用平口钳，使固定
　　　　钳口平面与工作台纵向导轨平行。多用于卧式铣床上装夹铣削。

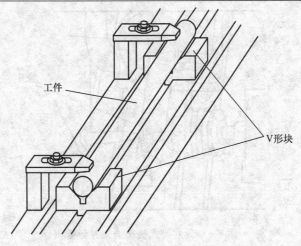

工件

V形块

图 8-61　用 V 形块装夹工件

说明：将待加工轴放在 V 形块上，使工件轴线与纵向工作台导轨平行，
　　　　找正方法与键槽加工时的找正方法相同。

3. 月牙槽的铣削

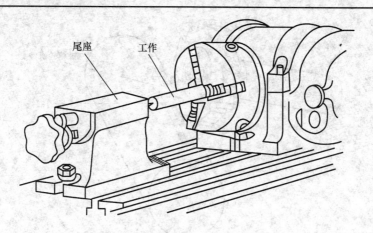

图 8-62　用分度头一夹一顶装夹工件

说明： 使用分度头一夹一顶装夹工件前，应使用标准心轴找正分度头与
　　　　尾座顶尖间的公共轴线与工作台台面和纵向进给方向平行。

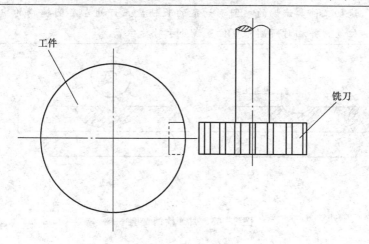

图 8-63　铣刀位置的调整

说明： 调整工作台操作手柄，使铣刀置于工件待加工键槽处，确定圆弧
　　　　中心位置，并使铣刀宽度两侧对称零件轴线。

3. 月牙槽的铣削

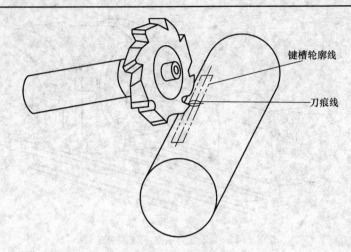

图 8-64　切痕对刀法

说明： 按图 8-63 所示调整好铣刀的位置后，起动机床，按工件上的划线试切工件，试切的椭圆形切痕的长轴应正好处在半圆键槽的中心位置，并相对所划槽宽位置线处于对称位置。

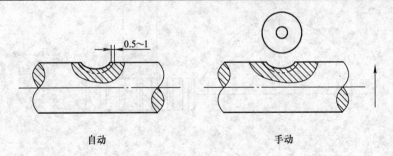

图 8-65　月牙槽的铣削

说明： 对好刀后，锁紧不用的进给工作台。卧铣时，锁紧横向和纵向工作台；立铣时，锁紧纵向和升降工作台。以手动方式慢慢摇动进给手轮，并随着铣削深度的增加减慢进给速度，直至达到要求深度为止；若采用机动进给，必须留 0.5～1mm 余量，改用手动进给铣削成形，防止铣削过深损坏铣刀而产生废品。

4. 月牙槽的测量

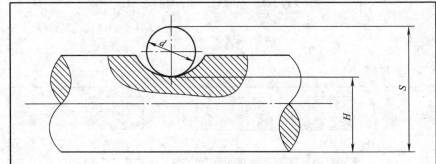

图 8-66　月牙槽深度的测量

说明：选用一块厚度小于月牙槽宽度、直径小于半圆键槽直径的小圆柱体（直径为 d）置于待测量的月牙槽内，再用游标卡尺或千分尺测出尺寸 S 值，根据 $H=S-d$，间接计算出月牙槽的深度尺寸。

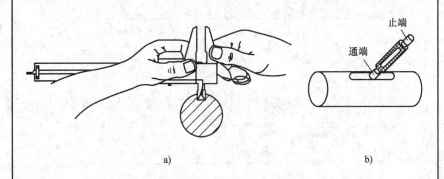

止端

通端

a)　　　　　　　　　　　　　　　　b)

图 8-67　月牙槽宽度的测量

说明：少量或单件生产时，可用游标卡尺测量（图 8-67a），与键槽测法相同。大批量生产时，多采用塞规来检验（图 8-67b）。

第九章　孔　加　工

一、钻　孔

1. 概述

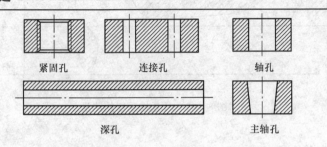

图 9-1　孔的种类

说明：根据工作性质和技术要求，孔可归纳为：紧固孔、连接孔、轴孔
　　　或主轴孔、深孔和圆锥孔。

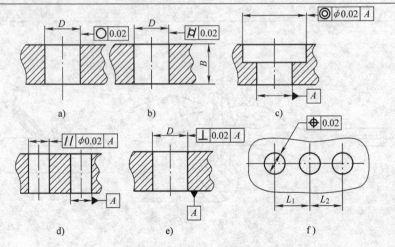

图 9-2　孔的加工工艺要求

说明：孔的加工工艺要求包括孔的本身精度和孔的相互位置精度。孔的
　　　本身精度包括尺寸精度（孔的直径及深度）和形状精度（孔的圆
　　　度如图 9-2a 所示、圆柱度如图 9-2b 所示和直线度）；孔的相互
　　　位置精度包括孔与孔或孔与外圆表面之间的同轴度（图 9-2c）、
　　　轴线间的平行度（图 9-2d）、轴线与端面间的垂直度（图 9-2e）、
　　　轴线对基准面的偏移量（图 9-2f）。

1. 概述

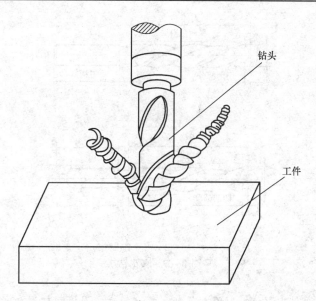

图 9 - 3　钻孔

> **说明**：钻孔是指用钻头在实心材料上加工出孔的方法。在铣床上钻孔，孔的公差等级一般可达到 IT11～IT12，表面粗糙度值达到 Ra6.3～12.5μm，适用于精度要求不高的孔加工。

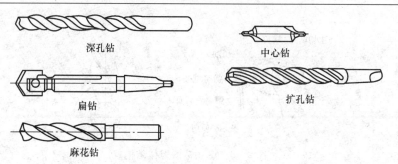

深孔钻　　　　中心钻

扁钻　　　　扩孔钻

麻花钻

图 9 - 4　钻孔所用工具——钻头

> **说明**：钻孔时所用钻头有：扁钻、麻花钻、中心钻、扩孔钻、深孔钻等。钻头一般由高速工具钢加工成形，常用的是麻花钻。

2. 麻花钻

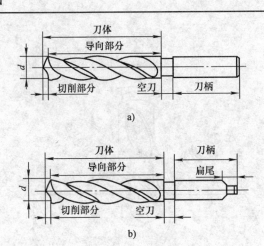

a)

b)

图 9-5　麻花钻

说明： 麻花钻由刀体、空刀和刀柄三部分组成，刀体起切削和导向作用；刀柄主要起夹持定心和传递转矩的作用，有直柄（图 9-5a）和锥柄（图 9-5b）两种，一般直径在 φ13mm 以下的均做成直柄，φ13mm 以上做成锥柄；空刀是刀体和刀柄的起过渡部分，也是标记标牌的位置。

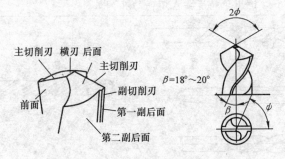

图 9-6　麻花钻的刀体结构

说明： 麻花钻刀体包括切削和导向两部分。切削部分主要起切削工件的作用，由横刃和两条对称的切削刃组成；导向部分在钻削时沿进给方向起引导和修光孔壁的作用，也是切削部分的后备，由副切削刃、两个副后面和容屑槽组成。

2. 麻花钻

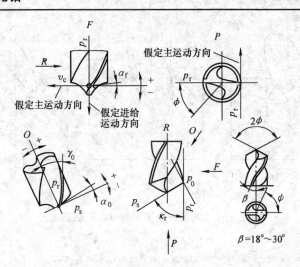

图 9-7　麻花钻的主要几何角度

说明：麻花钻的几何角度主要指切削部分的角度，主要有：前角 γ_0、后角 α_0、侧后角 α_f、螺旋角 β、横刃斜角 ψ、顶角 2ϕ。

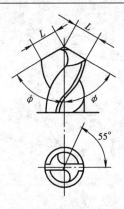

图 9-8　麻花钻的使用要求

说明：保证正确使用麻花钻必须要达到三个要求：一是两个主切削刃要对称，即两主切削刃与钻头中心线成相等的角度，并且刃口长度要一样；二是横刃斜角为 55°；三是主切削刃、横刃不允许有钝口、崩口和退火现象。

2. 麻花钻

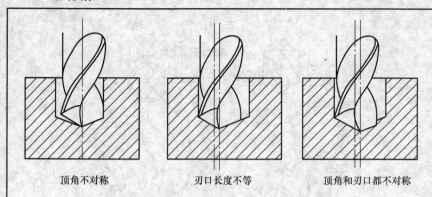

| 顶角不对称 | 刃口长度不等 | 顶角和刃口都不对称 |

图 9 - 9　钻头刃磨不规则对钻孔的影响

说明：钻头刃磨不规则对钻出的孔会产生不同的影响。

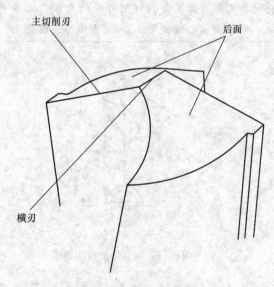

图 9 - 10　麻花钻的刃磨部位

说明：麻花钻主要刃磨两个后面，即刃磨主切削刃和修磨前面（即横刃）。

3. 麻花钻的刃磨

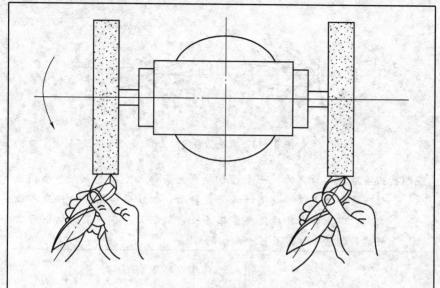

图 9-11　刃磨前的准备

说明：刃磨钻头前首先选择并检查砂轮。多采用氧化铝砂轮（白色或褐色），粒度一般为 F46～F80，硬度为中软级（K～L），并保证砂轮表面平整，没有跳动。

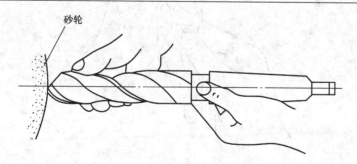

图 9-12　刃磨麻花钻时钻头的握持方法

说明：刃磨麻花钻时，右手握住钻头的头部，左手握住钻头的柄部，并将钻头切削刃放平，使磨削点大致放在砂轮水平中心面上，钻头轴线与砂轮轴线在水平面内的夹角控制在顶角的一半位置。

3. 麻花钻的刃磨

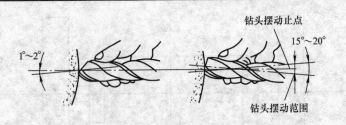

图 9-13　麻花钻后角的刃磨

说明： 刃磨麻花钻后角时，一手握住钻头的头部作定位支点，一手握住
钻头尾部上下摆动或绕轴线微量转动，但转动和摆动的幅度不能
太大，以免磨出负后角或磨坏另一条切削刃。在一条主切削刃磨
好后，翻转180°刃磨另一面切削刃。

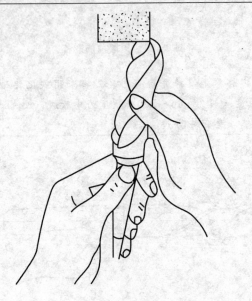

图 9-14　磨花钻横刃的修磨

说明： 用砂轮缘角刃磨麻花钻钻芯处和螺旋槽，将麻花钻的横刃磨短。
通常直径5mm以上的麻花钻都有要修磨横刃，修磨后的横刃长度
为原来的1/5～1/3。

3. 麻花钻的刃磨

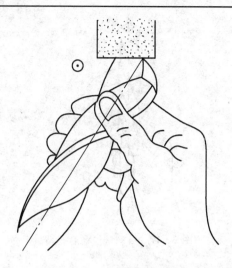

图 9-15　刃磨时的注意事项一

说明：刃磨时，要经常将钻头浸入水中冷却，避免由于磨削温度太高，使钻
　　　头退火，降低硬度，影响钻削。同时当钻头将要磨好时，要由刃口向
　　　刃背方向磨削，不能由刃背向刃口方向磨，防止刃口退火。

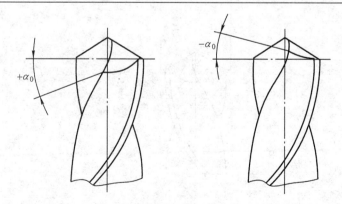

图 9-16　刃磨时的注意事项二

说明：刃磨时，钻头切削刃的位置应略高于砂轮轴线的水平面，以防止磨出
　　　负后角，造成无法钻削。后角正负的区别方法如图 9-16 所示。

4. 麻花钻的检测

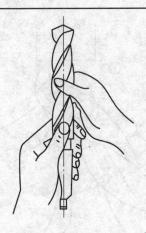

图 9-17　目测法检测麻花钻

说明：将钻头竖起，立在眼前，两眼平视钻头两切削刃，再将钻头转过
　　　 180°，再进行观察，反复几次，感受钻头两刃的高低，若刃口长度
　　　 差距相等，则两切削刃已对称。否则继续刃磨。

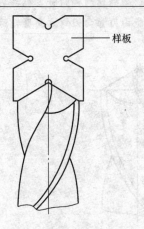

9-18　用样板规检测麻花钻

说明：将钻头靠向样板规，观察接触面的间隙及测量切削刃的长度，检
　　　 测麻花钻是否符合使用要求。

5. 麻花钻的装拆

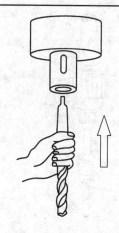

图 9-19　钻头的直接安装法

说明： 将钻头顺着铣床主轴孔方向往上用力撞一下即可安装。此法适用于钻头锥柄的锥度与主轴孔锥度相同的钻头装夹。

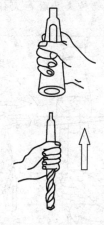

图 9-20　用钻套安装法

说明： 将钻头安装在合适的钻套上，再借钻套安装在铣床主轴上，安装方法与直接安装法相同，钻套可以几个套用。此法用于钻头锥柄的锥度与主轴孔锥度不相同的锥柄钻头的安装，钻套有莫氏1号、2号、3号和4号四种。

5. 麻花钻的装拆

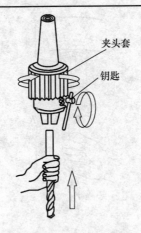

夹头套

钥匙

图 9-21　用钻夹头安装法

说明：用钻夹头安装适用于直柄钻头的安装。安装步骤：将与钻头直径
　　　合适的钻夹头安装在铣床主轴上（与直接安装法相同）；将钻头放
　　　入钻夹头内；顺时针旋转夹头套，夹住钻头；顺时针旋转钥匙紧
　　　固钻头即可。

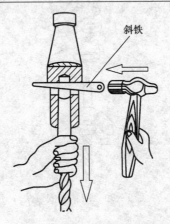

斜铁

图 9-22　锥柄钻头的拆卸

说明：将斜铁插入铣床主轴或钻套的长槽内，一只手轻握钻头，另一只
　　　手用锤子轻轻敲击斜铁外露部分撑出钻头。

5. 麻花钻的装拆

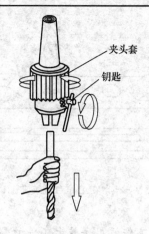

夹头套

钥匙

图 9 - 23　直柄钻头的拆卸

说明：直柄钻头的拆卸与图 9 - 21 所示的安装方法相反。反向旋转钥匙，
用一只手反向旋转夹头套松开钻头，另一只手握住钻头，接住拆
下的钻头。

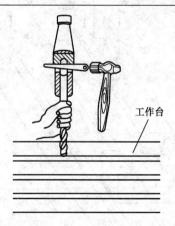

工作台

图 9 - 24　拆卸钻头的注意事项

说明：拆卸钻头时，一定要用手握住钻头，防止钻头松开后钻头掉落，
损坏钻头或工作台台面。

6. 钻孔方法

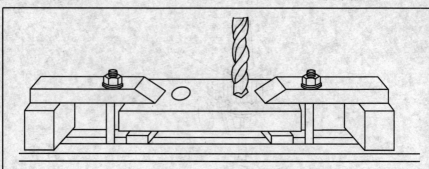

图 9-25 在工作台上装夹工件

说明：在工作台上装夹工件适用于较大工件的钻加工。若钻的是通孔，
则要在工件下面垫上垫铁，防止钻到工作台台面。

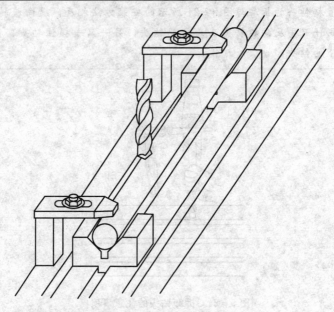

图 9-26 在 V 形块上装夹工件

说明：在 V 形块上装夹工件适用圆形工件的钻加工。

6. 钻孔方法

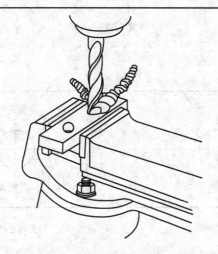

图 9-27 在机用平口钳上装夹工件

说明：在机用平口钳上装夹工件适用于尺寸不大的工件的钻加工。

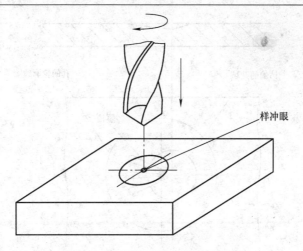

样冲眼

图 9-28 按划线法调整钻头

说明：摇动工作台操作手轮，使钻头顶尖对准工件上要钻孔的圆心样冲眼。按划线调整时，要先起动主轴，使钻头在转动中与工件接触，试钻少些，确定位置正确无误后，方可正式钻孔。

6. 钻孔方法

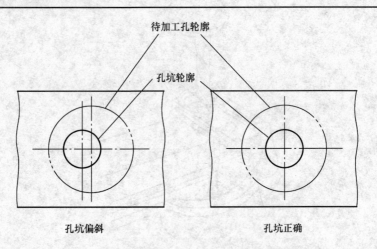

图 9-29　试钻孔坑的形式

说明：试钻孔坑的轮廓线与被钻孔的轮廓线有两种位置关系。

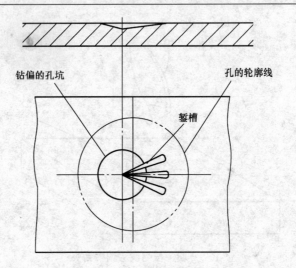

图 9-30　孔坑偏斜的找正方法

说明：用錾子在浅孔与划线距离较大处錾削出几条浅槽，摇动偏斜距离
　　　　后，落下钻头试钻，直至孔坑找正后，即可开始钻孔。

6. 钻孔方法

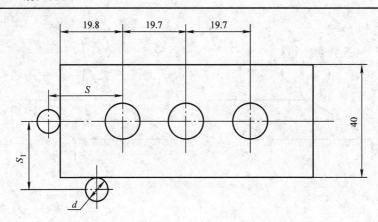

图 9-31　按碰刀法定心钻孔

说明：将标准心轴或中心钻夹在钻夹头内，使心轴外圆与工件一侧基准面接触后，摇进 S_1 距离（$S_1=20+d/2$），再接触另一基准面，摇过 S 距离（$S=19.8+d/2$），即对好主轴中心，换上钻头即可钻孔。此法适用于位置精度要求较高的孔的加工。

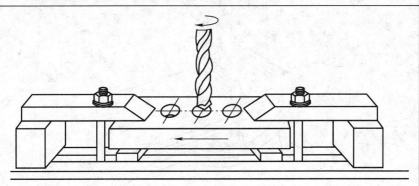

图 9-32　移动工作台法定位钻孔

说明：移动工作台法定位钻孔适用于多孔连续加工，孔的中心距容易保证。一个孔钻好后，按孔的方向将工作台移动两个孔中心距，再钻另一个孔即可。

6. 钻孔方法

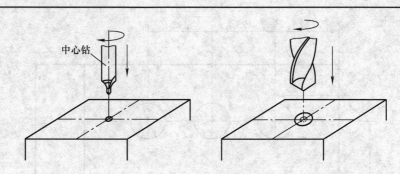

图 9-33　两次钻孔法钻孔

说明：孔的中心确定后，先用中心钻钻出导向锥孔，再换上钻头钻孔，确保孔的定位精度。但用中心钻钻锥孔时，切削速度不宜太低，否则容易损坏。

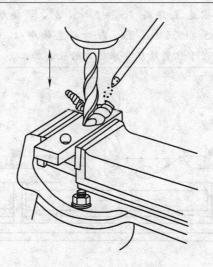

图 9-34　钻孔时的注意事项

说明：钻孔时，要经常暂停进给并退出钻头，进行断屑和清除切屑，对于钢件要浇注足够的切削液，严禁用手拉或用嘴吹切屑。

二、铰 孔

1. 铰刀的基本知识

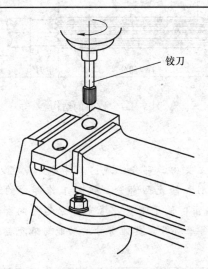

铰刀

图 9-35 铰孔

说明：铰孔是利用专用刀具（铰刀）对已粗加工的孔进行精加工的一种
加工方法，一般公差等级可达 IT7～IT9，表面粗糙度值可小于
$Ra1.6\mu m$，是普遍应用的孔的精加工方法。

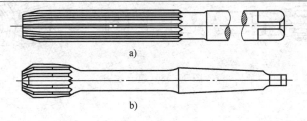

a)

b)

图 9-36 铰刀

说明：铰刀有手用铰刀（图 9-36a）和机用铰刀（图 9-36b）两种。手
用铰刀的切削部分较机用铰刀的长，刀齿多为不等距，而机用铰
刀一般做成等距，另外手用铰刀的柄部为方榫形，机用铰刀的柄
部多为圆柱形或圆锥形。

1. 铰刀的基本知识

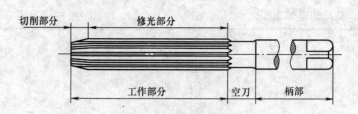

切削部分　　修光部分

工作部分　　空刀　　柄部

图 9 - 37　铰刀的结构

说明：铰刀的结构主要由三部分组成：工作部分、空刀和柄部。工作部
　　　分又分为切削和修光两部分，铰刀工作部分的齿数多采用偶数，
　　　一般为 4～8 齿，便于测量，修光部分起导向和修光孔壁的作用，
　　　也是铰刀的备磨部分，其他部分的功能与麻花钻相同。

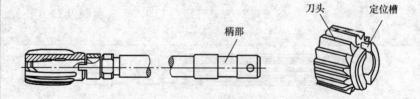

刀头　　定位槽

柄部

图 9 - 38　组合铰刀

说明：直径在 25mm 以下的小直径铰刀多做成整体式，而直径在 25～
　　　75mm 的较大直径铰刀，一般制成组合式的，以节约切削部分
　　　材料。

1. 铰刀的基本知识

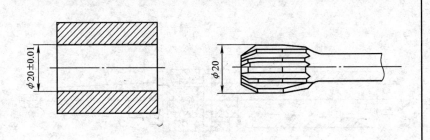

图 9 - 39　铰刀的选择

说明：铰刀是通用标准工具，出厂的铰刀适用于铰削精度为 H8、H9、H10
　　　的孔，如果要铰削精度较高的孔，新铰刀不能直接使用，需研磨至所
　　　要求尺寸后才能使用，一般通过对试件试铰后的尺寸来确定。

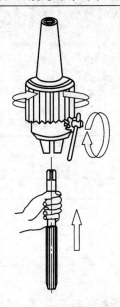

图 9 - 40　铰刀的固定安装法

说明：将铰刀直接或借助钻夹头固定安装在铣床主轴上，与麻花钻的装
　　　夹方法相同。安装时应防止铰刀偏摆，影响铰出孔径的尺寸。

1. 铰刀的基本知识

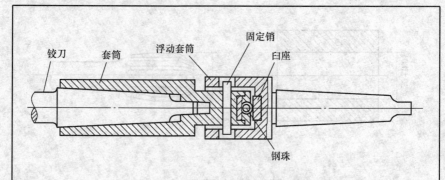

图 9－41　铰刀的浮动安装法

说明： 借助浮动铰刀杆将铰刀安装在铣床主轴上。由于安装铰刀的套筒与浮动套筒有一定的径向间隙，使铰刀自动地随孔作径向调整，从而使铰刀与孔之间的轴线自动进行重合，保证同轴度，同时提高铰孔的效率。

表 9－1　铰孔余量的确定　　　（单位：mm）

孔的直径	≤6	>6~10	>10~18	>18~30	>30~50	>50~80	>80~120
粗铰	0.10	0.10~0.15	0.10~0.15	0.15~0.20	0.20~0.30	0.35~0.45	0.50~0.60
精铰	0.04	0.04	0.05	0.07	0.07	0.10	0.15

说明： 铰孔余量的大小直接影响铰孔质量，余量太小，上道工序留下的加工痕迹不能全部铰掉；余量太大，切屑量大，切屑挤塞容屑槽，影响表面粗糙度、孔径尺寸精度和铰刀寿命，具体确定可参照表 9－1中的数值。

2. 铰孔方法

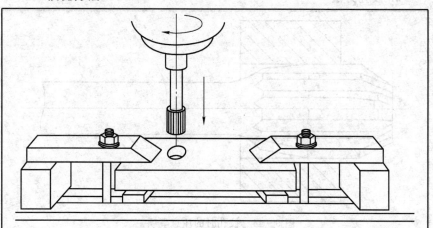

图 9 - 42   铰刀的位置调整

说明： 调整工作台位置，目测使铰刀轴线对准钻孔位置，进行试铰，确认对中心后再进行铰削加工。为了保证铰刀轴线与孔轴线重合，减少调整对中心时间，加工时最好使钻、扩、铰孔等工序连续进行。

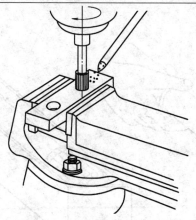

图 9 - 43   铰孔时切削液的选用

说明： 铰孔时必须使用切削液，且选用的切削液要具有较好的流动性和润滑性，以冲掉切屑并带走热量。一般铰削韧性材料时用乳化液、极压乳化液或柴油和菜油；铰削脆性材料时选用煤油或煤油与矿物油的混合液。

2. 铰孔方法

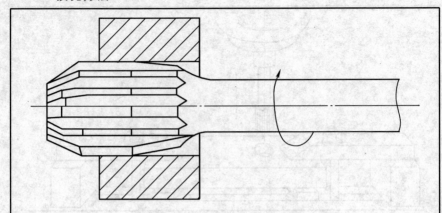

图 9 - 44　铰孔时的注意事项一

说明：铰孔时要等修光部分离开加工工件后，才能退出铰刀，另外铰通
孔时，铰刀的修光部分不能全部加工出孔外。铰刀要在转动中退
出，不能采用反转退出铰刀，也不能采用停车退铰刀。

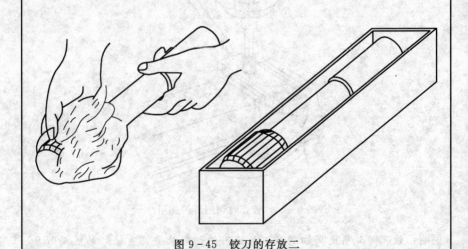

图 9 - 45　铰刀的存放二

说明：铰刀是精加工刀具，用完后要擦净涂油，妥善放置，防止切削刃
碰坏。

三、镗　孔

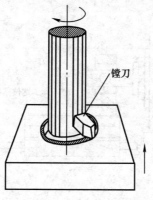

镗刀

图 9-46　镗孔

说明：镗孔是用镗刀对已有孔进行扩孔加工的一种方法。在铣床上镗孔，
孔的公差等级一般可达 IT7～IT9，表面粗糙度值可达 $Ra0.8$～
$3.2\mu m$，而孔距精度可控制在 $0.05mm$，是机械加工中常用的一种
较高精度的孔加工方法。主要用于毛坯上的铸孔、锻孔、冲孔或
钻出来的孔的进一步加工。

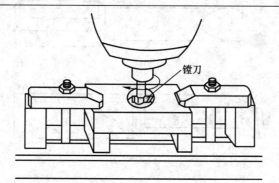

镗刀

图 9-47　在立式铣床上镗孔

说明：在立式铣床上镗孔适用于工件的定位基准面与要镗削孔的轴线垂
直的工件，工件直接安装在工作台上固定好，安装时注意工件的
找正，并找正铣床主轴的"0"位，保证工件的轴线与主轴平行。

三、镗　　孔

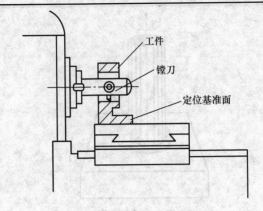

图 9-48　在卧式铣床上镗孔

说明： 在卧式铣床上镗孔适用于工件的定位基准面与要镗削孔的轴线平行的工件。安装时，工件尽量靠近铣床主轴侧，避免镗刀杆伸出过长，产生振动，影响镗孔质量。

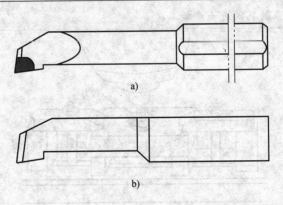

图 9-49　整体式镗刀

说明： 整体式镗刀的切削部分与镗刀杆是一体的，安装在镗刀盘中即可进行镗削加工，多用于尺寸较小的孔的镗削，常见的有硬质合金焊接式（图 9-49a）和高速工具钢整体式（图 9-49b）镗刀两种。

三、镗　　孔

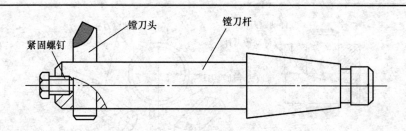

图 9 - 50　机械固定式镗刀

说明： 机械固定式镗刀是将镗刀头用机械装夹的方式固定在镗刀杆上组成，节省刀杆材料。采用的镗刀头可以是整体式的刀头，也可直接采用不重磨硬质合金车刀。

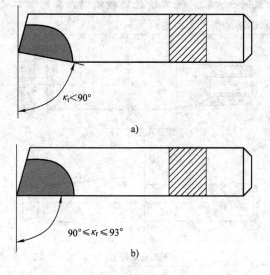

图 9 - 51　镗刀头的形式

说明： 镗刀头分为镗通孔用镗刀头（图 9 - 51a）和镗不通孔用镗刀头（图 9 - 51b）两种形式，二者最根本的区别在于主偏角 κ_r 的大小。主偏角 $\kappa_r < 90°$，只能用于镗通孔；主偏角 $90° \leqslant \kappa_r \leqslant 93°$，主要用于镗削不通孔和台阶孔。

三、镗　孔

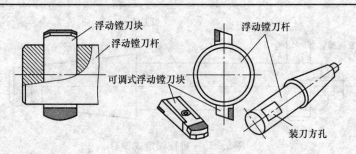

图 9-52　浮动式镗刀

说明：浮动式镗刀由镗刀块及镗刀杆配合使用，是专用于精镗孔刀具。
镗刀块相当于双刃镗刀，浮动地放在镗刀杆的安装槽中，由端盖盖紧形成一个方孔，镗刀块能沿槽滑动。孔的加工尺寸主要取决于浮动镗刀块的长度尺寸。

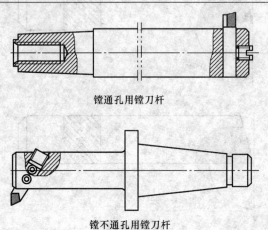

镗通孔用镗刀杆

镗不通孔用镗刀杆

图 9-53　简易式镗刀杆

说明：镗刀杆是安装镗刀用的辅助装备，常用的有简易式、可调节式和微调式三种。简易式镗刀杆主要用于安装机械固定式镗刀，结构简单，制造容易，是铣床上常用的镗刀杆。安装镗刀头的孔可做成直孔或斜孔，以满足不同形式孔的镗削。

三、镗　孔

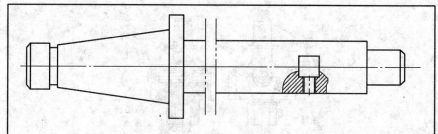

图 9-54　镗深孔用镗刀杆

说明： 镗深孔用镗刀杆结构如图 9-54 所示，镗刀杆较长，刀杆的前端可
伸入到铣床的支架孔中（或导套孔）中，提高镗刀杆的刚性，保
证深孔加工精度。

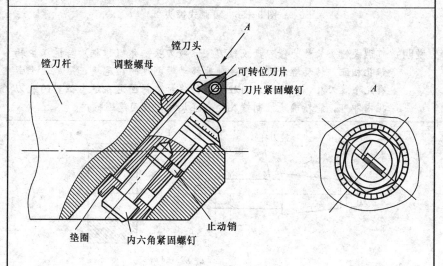

图 9-55　微调式镗刀杆

说明： 微调式镗刀杆结构如图 9-55 所示，通过游标刻度及精密螺纹来微
调，装有可转位刀片的刀体上有精密螺纹，上面旋有带刻度的特
殊调整螺母。调整时，先松开内六角紧固螺钉，然后转动调整螺
母，使刀头前进或后退，然后将紧固螺钉旋紧即可，调整时，刻
度的读数精度可达 0.001mm。

三、镗　孔

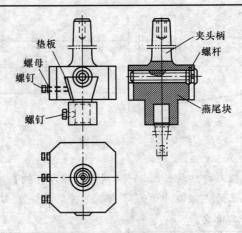

图 9-56　可调式镗头

说明： 可调式镗头又称为镗刀盘或镗刀架。镗刀头本体（锥柄）与铣床主轴锥孔相配，转动螺母时，可精确地移动带刻度的燕尾块，燕尾块上带有几个装刀孔，用内六角圆柱头螺钉将镗刀杆固定在适当位置的装刀孔内即可，能精确地控制镗孔的直径尺寸，使用范围较广。

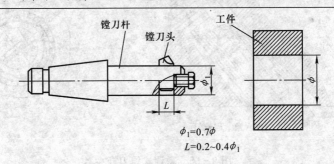

$\phi_1=0.7\phi$

$L=0.2\sim0.4\phi_1$

图 9-57　镗刀杆和镗刀头的选择

说明： 选择镗刀杆尺寸尽量选择直径大而长度短些的，以保证有足够的刚度。一般铣刀杆的直径应为工件孔径的 0.7 倍，镗刀杆上装刀方孔的边长约为镗刀杆直径的 0.2～0.4 倍；对于直径小于 30mm 的孔加工，最好采用整体式镗刀。

三、镗　孔

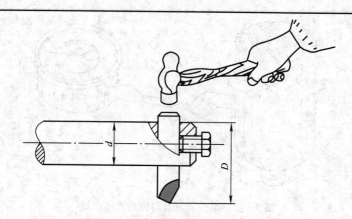

图 9-58　敲刀法调整镗刀头

说明：将镗刀头伸入刀杆的安装孔内，用小锤轻敲镗刀头的端面，使镗
　　　　刀头伸出镗刀杆，多用于简易式镗刀杆镗刀头的调整。刀头伸出
　　　　长度 D 与加工孔孔径 R 的关系是：$R = D - d/2$。

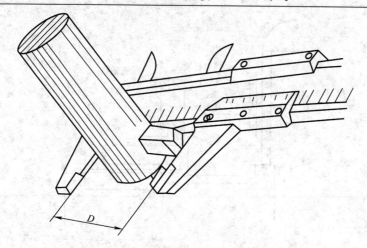

图 9-59　用游标卡尺测量刀头伸出量

说明：用游标卡尺测量刀头伸出量多用于精度要求不高的孔的加工，对
　　　　于精度要求较高的孔，可用外径千分尺测出 D 值或用指示表测量。

三、镗　孔

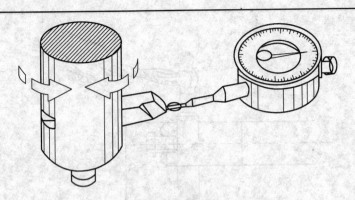

图 9-60　用指示表检测镗刀头伸出量

说明： 将指示表固定后使指示表测头与镗刀头接触，并将指示表调整到
"0"位，然后松开镗刀头的紧固螺钉，按孔径尺寸要求，将镗刀
头按扩孔量的 1/2 轻轻敲出。再将镗刀头紧固后用指示表校准镗
刀头的伸出量是否符合镗孔要求。

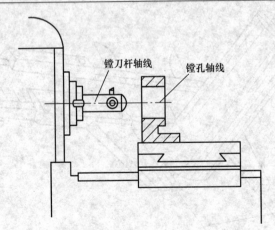

镗刀杆轴线　　镗孔轴线

图 9-61　工件的安装

说明： 安装工件时，无论在立铣床上还是在卧铣床上，要保证镗削孔轴
线与镗刀杆轴线平行。

三、镗　孔

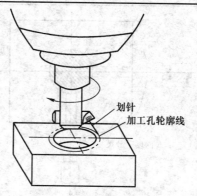

划针
加工孔轮廓线

图 9-62　按划线法对刀

说明：先在工件上划出待加工孔的轮廓线，然后将镗刀杆轴线大致对准孔中
　　　心，在镗刀顶端用油脂粘一根大头针类尖状物体，慢慢转动主轴，同
　　　时调整工作台，使针尖靠近待加工孔的轮廓线，并且与孔轮廓线距离
　　　均匀，即对刀完成。此法准确度较低，对操作者技能要求较高。

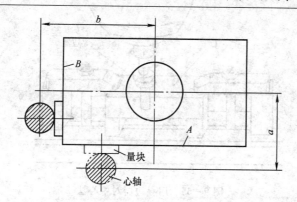

量块
心轴

图 9-63　靠刀法对刀

说明：在铣床主轴上安装一标准心轴，也可借助镗刀杆，使心轴的圆柱
　　　面与基准面 A 刚好接触，然后将工作台横向移动一段距离 a，再将
　　　心轴与基准面 B 接触，并纵向移动距离 b，即完成对刀。此法要控
　　　制好心轴与基准面接触的程度尽量要一致。

三、镗　　孔

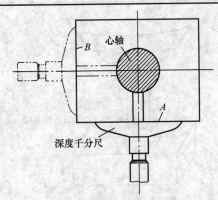

图 9-64　测量法对刀

说明：用深度游标卡尺或深度千分尺测量心轴（或镗刀杆）圆柱面至基准面 A 和 B 的距离，以测量数据为参考，调整镗刀杆的工作位置，以符合加工要求为准，确定镗刀杆的中心位置。

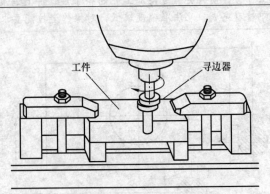

图 9-65　用寻边器对中心法

说明：将寻边器夹在铣床主轴上，把寻边器的端部推至一侧使其偏心，起动主轴调整工作台，使寻边器调至工件要对刀的侧面，并使工件慢慢接触正在旋转的寻边器端部，直到寻边器偏心合拢后顶端又突然偏向一侧瞬间立即停止移动。此时，铣床主轴轴线距工件对刀侧面的距离即为寻边器圆柱测量头的半径，再按要求将工作台移动相应距离，方法与靠刀法对刀相同。

三、镗　孔

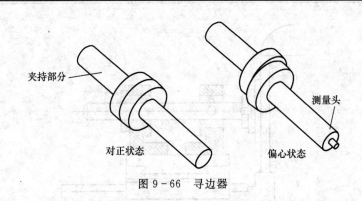

夹持部分

测量头

对正状态　　　　偏心状态

图 9-66　寻边器

说明：寻边器又称偏心式对刀棒，是一种常用的对刀工具。寻边器上有
　　　　个具有内置弹簧的浮动杆，端部是一个精磨过的定尺寸圆柱测量
　　　　头，测量头的直径通常有5mm、10mm或13mm。

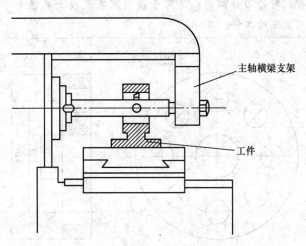

主轴横梁支架

工件

图 9-67　在卧式铣床上用托架支承镗孔

说明：将镗刀杆伸入铣床主轴横梁支架上，增加镗刀杆的刚性，适用于
　　　　较大工件镗通孔。

三、镗　孔

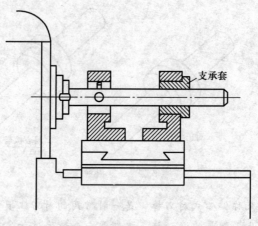

图 9 - 68　在卧式铣床上用支承套支承镗孔

说明：在工作台上安装支承套，将镗刀杆的一端插入支承套孔中，以防
　　　止镗削时镗刀杆颤动。适用于镗削深孔或较大孔径尺寸，但不便
　　　使用支架的工件。

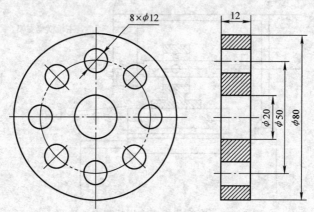

图 9 - 69　圆周等分孔系

说明：8×ϕ12 孔系均属圆周等分孔系，其特点是各孔在工件圆周上均布，
　　　同时到中心的距离相等。

三、镗　　孔

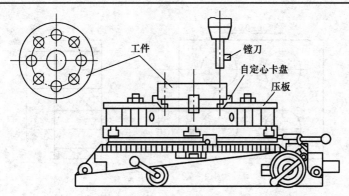

图 9 - 70　在回转工作台上装夹镗圆周等分孔系

说明：装夹时要先找正回转轴线与回转工件台轴线平行，再调整工作台，使镗刀的回转轴线与被镗孔的轴线重合。镗削一孔后，可按图样要求分度，依次镗削下一个孔，直至加工完成。适用于在立式铣床上加工大型工件圆周等分的孔系。

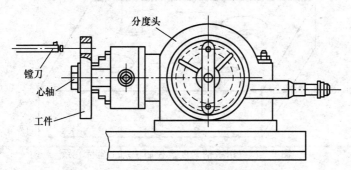

图 9 - 71　在分度头上装夹镗削圆周等分孔

说明：在分度头上装夹镗削圆周等分孔适用于在卧式铣床上加工较小的圆周等分孔，与在回转台上装夹镗孔相同。

三、镗　孔

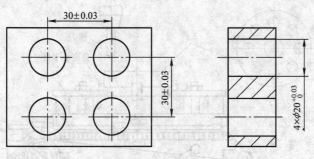

图 9-72　坐标孔系

说明：图样中的孔系均属坐标孔系，特点是轴线平行，并在平面上平布。
加工时，除保证孔本身的精度要求外，还要严格控制和保证孔与
孔之间的中心距要求。

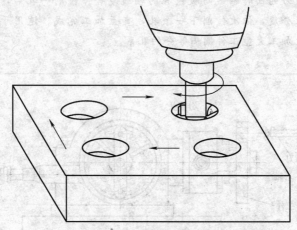

图 9-73　用手柄刻度盘控制法加工坐标孔系

说明：用手柄刻度盘控制法加工坐标孔系适用于加工孔距尺寸精度要求
不高的坐标孔系。孔径尺寸的控制与孔至基准面的位置调整方法，
与单孔镗削时相同。第一个孔加工完后，直接按图样要求移动纵
向、横向工作台手柄，由手柄上的刻度盘控制孔距尺寸调整镗刀
位置后，再继续加工下一个孔即可。

三、镗　孔

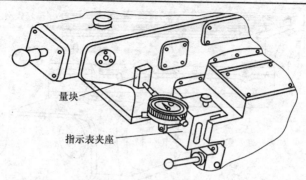

量块

指示表夹座

图 9-74　用量块和指示表控制横向工作台的移动方法

说明：用量块和指示表控制横向工作台的移动方法适用于孔距要求较高的坐标孔系的加工。将指示表紧固在横向工作台导轨上，取一组等于孔距尺寸的量块，将量块工作面贴合在横向工作台前端面上，然后使紧固在横向工作台导轨上的指示表测头和量块另一工作面相接触，并将指示表指针对准"0"位。然后抽去量块，将工作台移至指示表测头相碰，当指示表的指针到"0"位时，则工作台移动了一个量块确定的距离。

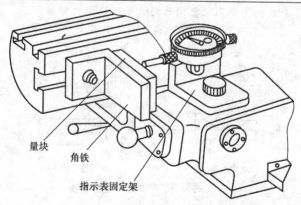

量块

角铁

指示表固定架

图 9-75　用量块和指示表控制纵向工作台的移动方法

说明：在铣床纵向工作台的侧面 T 形槽里装一块角铁，用来贴合量块组，同时在手拉泵加油孔上装一角铁，用于安装紧固指示表。然后进行操作，具体操作方法与图 9-74 所示横向工作台的移动方法相同。

三、镗　孔

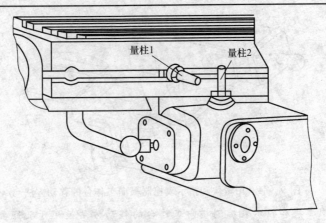

图 9-76　精确移动纵向工作台的简便方法

说明： 在纵向工作台侧面的 T 形槽及手拉泵加油孔中，分别固定一个测量圆柱或小心轴，当需要移动纵向工作台时，先用外径千分尺测量两圆柱之间的距离，然后按手轮刻度移动纵向工作台，再用外径千分尺测量两圆柱之间的距离等于要求的距离即可。

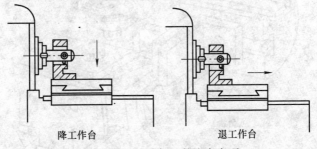

降工作台　　　　　　退工作台

图 9-77　镗孔加工的注意事项

说明： 精镗结束后，应先停车，然后用手动方式转动镗刀将刀尖面对操作者（与床身相反），再降下工作台退出镗刀，防止刀尖划伤孔壁而影响孔的表面质量。

四、孔 的 测 量

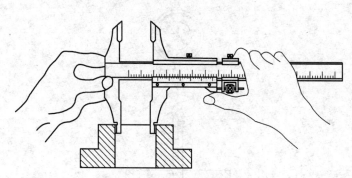

图 9-78 用游标卡尺检测孔径

说明： 用游标卡尺检测孔径适用于孔径尺寸要求较低的孔的检测。对于
精度较高的内孔，可用内径千分尺测量；对于批量较大的内孔，
可用塞规测量，提高检测效率。

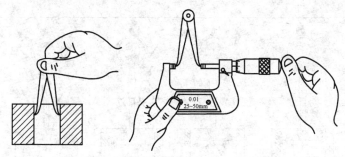

图 9-79 用内卡钳和外径千分尺配合检测孔径

说明： 用内卡钳和外径千分尺配合检测孔径适用于尺寸要求较高，直接
测量不方便或不具备的情况下，测量精度受操作者的操作技术
影响。

四、孔 的 测 量

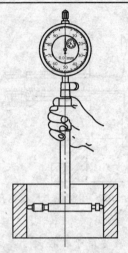

图 9-80　用内径指示表检测孔径

说明：用内径指示表检测孔径适用于精度要求较高的孔的检测。

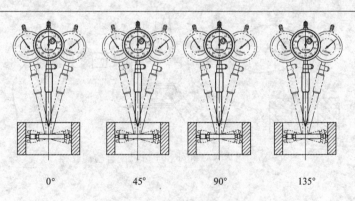

$0°$　　　　$45°$　　　　$90°$　　　　$135°$

图 9-81　孔的圆度的检测方法

说明：用上述测量孔径的方法，测出孔的圆周上不同点的孔径值，比较
　　　测量点的读数差，得出孔的圆度误差。

四、孔的测量

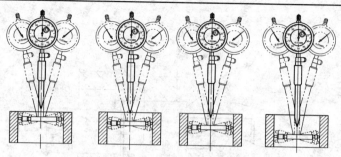

图 9-82　孔的圆柱度的检测方法

说明：用内径指示表沿孔的轴线方向及圆周上测出测量点的孔径值，比
　　　较各测量点的读数差，得出孔的圆柱度误差。

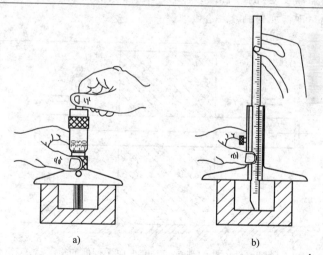

a)　　　　　　　　　　　　b)

图 9-83　孔深的检测方法

说明：一般精度不高的孔深检测多用游标卡尺测量，精度较高时可用游
　　　标深度卡尺（图 9-83b）和深度千分尺（图 9-83a）直接测量。

四、孔 的 测 量

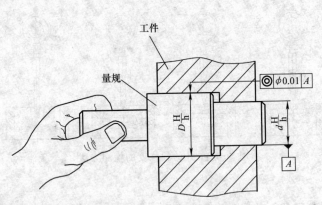

图 9 - 84　两孔同轴度的检测

说明： 用同轴度量规检测两孔同轴度，只要同轴度量规能同时插入两孔内，即两孔同轴度符合要求。

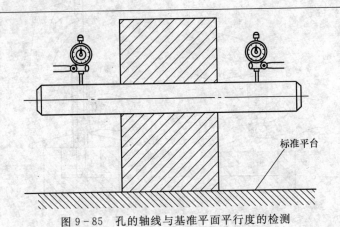

图 9 - 85　孔的轴线与基准平面平行度的检测

说明： 将基准面放置在标准平台上，选用合适的心轴插入测量孔内，心轴与孔配合的间隙越小越好，用指示表分别检测两端同一素线上的读数差，即得到平行度误差。

四、孔 的 测 量

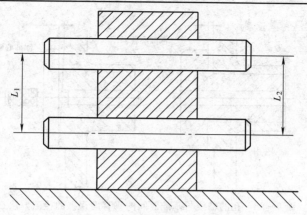

图 9-86 两孔轴线平行度误差的检测

说明：将两根标准心轴分别插入到两测量孔内，用游标卡尺或千分尺测出心轴两端中心距的尺寸值 L_1 和 L_2，则两端中心距 L_1 和 L_2 的尺寸差即为两孔轴线平行度误差。．

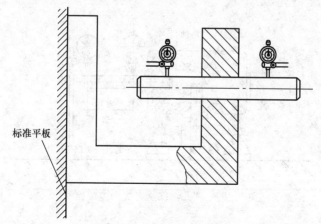

标准平板

图 9-87 孔的轴线与基准面间的垂直度误差的检测方法一

说明：将标准心轴插入待测孔中，再将工件的基准面置于标准平台上，然后用指示表测出标准心轴给定长度上中心线的误差，即测得孔的轴线与基准面间的垂直度误差。

四、孔 的 测 量

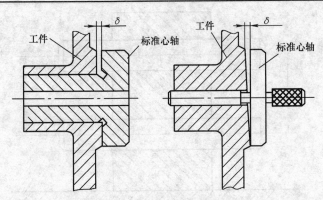

图 9-88　孔的轴线与基准面间的垂直度误差的检测方法二

说明：将专用检测心轴插入待测孔中，并使心轴端面与基准面接触，然
　　　后用塞尺检测心轴圆盘与工件基准面间的最大间隙值 δ，即为孔的
　　　轴线与基准面间的垂直度误差。

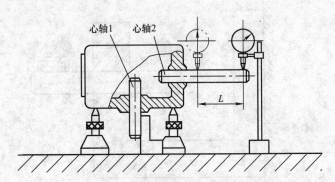

图 9-89　两孔轴线垂直度误差的检测

说明：两孔轴线垂直度误差的检测方法分两步：第一步，调整工件，使
　　　心轴 2 与 90°角尺的长边贴合，即与平台面垂直；第二步，用指示
　　　表在给定长度距离内测量心轴 1 与平台面的平行度误差，即测得
　　　两孔轴线在给定长度内的垂直度误差。

第十章 分 度 头

一、概　　述

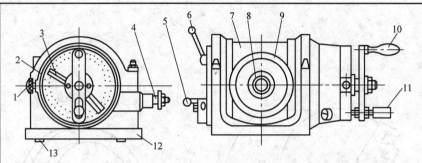

图 10-1　FW250 型万能分度头

说明：1—分度头紧固螺钉　2—分度盘　3—分度叉　4—侧轴　5—蜗轮
蜗杆离合手柄　6—主轴紧固手柄　7—回转体　8—主轴　9—刻
度盘　10—分度手柄　11—定位插销　12—基座　13—定位键

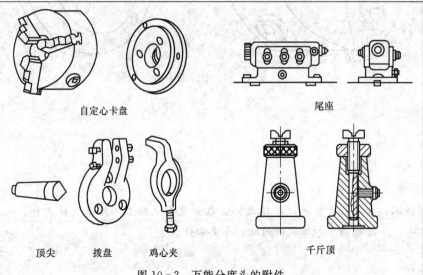

自定心卡盘　　　　　　　　　　　　　　　尾座

顶尖　　　拨盘　　　鸡心夹　　　　　　　千斤顶

图 10-2　万能分度头的附件

说明：为了满足不同零件的装夹要求及分度头的各种用途，万能分度头
配有多种附件，如自定心卡盘、尾座、顶尖、千斤顶等。

一、概　　述

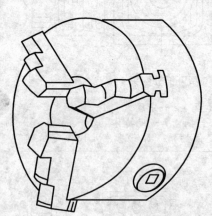

连接盘

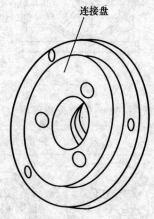

图 10 - 3　自定心卡盘

说明：自定心卡盘通过连接盘安装在分度头主轴上，用于夹持工件。主要适用于加工较短的轴、套类零件。

二、用万能分度头装夹工件

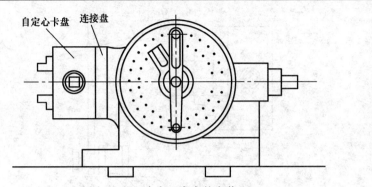

图 10 - 4　自定心卡盘的安装

说明：先将自定心卡盘和连接盘的接触面清理干净，再将连接盘安装在
万能分度头的主轴上，然后将自定心卡盘紧固在连接盘上。

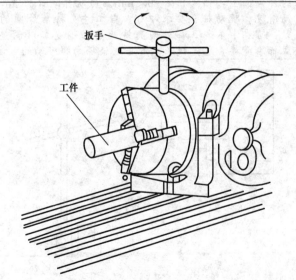

图 10 - 5　用自定心卡盘装夹工件

说明：使用时，先将工件伸进卡爪内，再将方头扳手插入卡盘体的方孔
内，转动扳手，通过三爪联动将工件定心夹紧或松开。用自定心
卡盘装夹简便，铣削平稳。

二、用万能分度头装夹工件

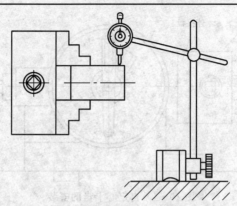

图 10-6　用指示表找正工件的外圆面

说明：将指示表的底座吸在铣床的导轨或工作台上，并让测头垂直靠在工件的外圆面上，预紧 0.3～0.5mm。转动自定心卡盘，观察表针的变动情况，跳动符合要求即可。当工件夹持后外圆的回转圆度较差时，可在卡爪与工件外圆夹持处垫上铜皮加以调整。若将工件换成标准量棒，也是找正分度头主轴径向圆跳动的方法。

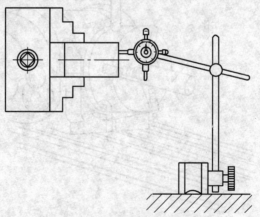

图 10-7　用指示表找正工件的端面

说明：将指示表的表头垂直接触到工件的端面上（偏离圆心处），预紧 0.3～0.5mm。转动工件，观察表针的变动情况。用铜棒轻轻敲击工件的高点，使轴向跳动符合要求，最后用扳手夹紧工件。若将工件换成标准量棒，也是找正分度头主轴轴向圆跳动的方法。

二、用万能分度头装夹工件

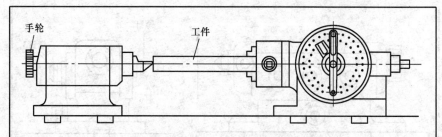

图 10 - 8　尾座的使用

说明：尾座又称顶针座，是一种辅助工具，通过与分度头上的顶尖或和装在
　　　　分度头上的自定心卡盘配合使用来装夹带中心孔的较长的轴类零件。
　　　　使用时，转动手轮可使尾座上的顶尖进退，以便装卸工件。

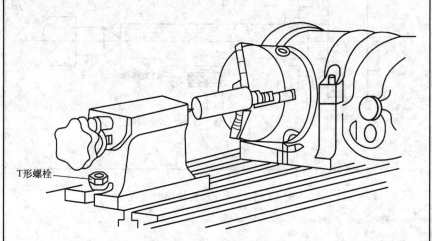

图 10 - 9　尾座的安装

说明：尾座底座下有两个定位键盘。安装时，将定位键与主轴线伸入铣
　　　　床工作台的 T 形槽内，调整好与万能分度头之间的距离后，用 T
　　　　形螺栓将尾座锁紧，从而保证顶尖轴线与纵向进给方向一致，并
　　　　和分度头轴线在同一直线上。

二、用万能分度头装夹工件

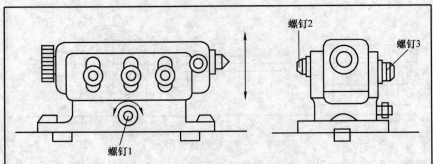

螺钉2

螺钉3

螺钉1

图 10-10　尾座顶尖中心高度的调整

说明：松开螺钉2、3，转动螺钉1，可使顶尖上、下移动或转动一个不大
　　　的角度，便于调整顶尖的同轴度。

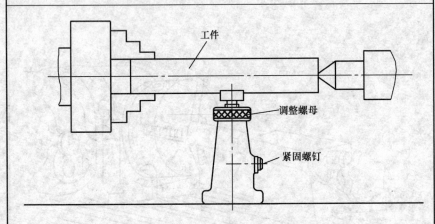

工件

调整螺母

紧固螺钉

图 10-11　千斤顶的使用方法

说明：千斤顶是一种辅助支承，主要用于支承刚性较差、易变形的工件，
　　　以减少工件的变形。使用时松开紧固螺钉，转动调整螺母，使千
　　　斤顶的顶头上、下移动。当顶头的 V 形槽与工件接触稳固后，拧
　　　紧紧固螺钉，锁紧即可。

二、用万能分度头装夹工件

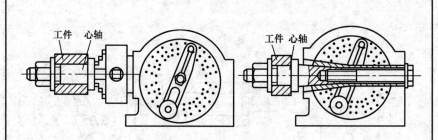

图 10-12　用心轴装夹工件

说明： 心轴有锥度心轴和圆柱心轴两种，主要用于套类及有孔盘类零件的装夹。根据工件和心轴形式不同，可分为多种不同的装夹形式。装夹前应先找正心轴。

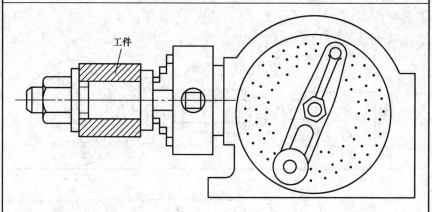

图 10-13　用心轴和自定心卡盘装夹工件

说明： 用心轴和自定心卡盘装夹工件适用于较短的套类零件的装夹，分度头主轴能倾斜角度。

二、用万能分度头装夹工件

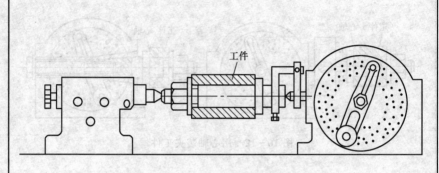

图 10-14　用心轴两顶尖装夹工件

说明：用心轴两顶尖装夹工件适用于多件或较长套类零件的装夹，要求工件内孔与心轴配合准确、两端面平行且与内孔垂直。工件与主轴的同轴度易于保证。

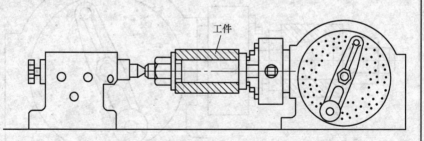

图 10-15　用心轴一夹一顶装夹工件

说明：用心轴一夹一顶装夹工件适用于多件或较长的套类零件的装夹，要求工件内孔与心轴配合准确、两平面平行且与内孔垂直。铣削刚性较好，装夹方便，但同轴度找正困难。

二、用万能分度头装夹工件

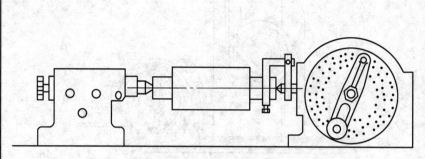

图 10-16 用两顶尖装夹工件

说明：用两顶尖装夹工件适用于工件两端有中心孔（顶尖孔）的轴类零
件的装夹，通过拨盘和鸡心夹头带动工件旋转。工件与主轴的同
轴度易于保证。

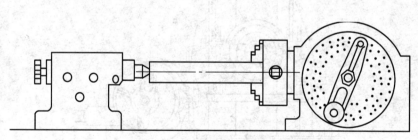

图 10-17 用一夹一顶装夹工件

说明：用一夹一顶装夹工件适用于一端有中心孔的较长轴类零件的装夹。
此法装夹的铣削刚性较好，但找正工件与主轴的同轴度较困难。
装夹前应先找正分度头和尾座。

三、万能分度头的检测规范

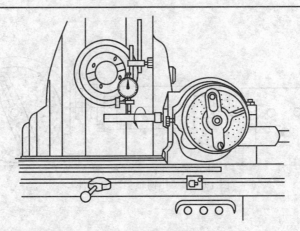

图 10-18　分度头主轴同轴度的找正

说明：找正时，取标准锥度心轴插入万能分度头的主轴锥孔内，将指示表的磁性底座吸在铣床垂直导轨面或横梁导轨面上，并使指示表的测头垂直接触在标准心轴外径处。转动主轴，观察指示表表针的变动情况。

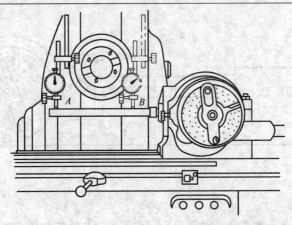

图 10-19　分度头主轴轴线与工作台台面平行度的找正

说明：调整指示表，使指示表的测头垂直接触标准心轴的上素线，预紧0.3～0.5mm。摇动工作台做纵向移动，用指示表测出 A 和 B 点处的高度差。

四、万能分度头的使用

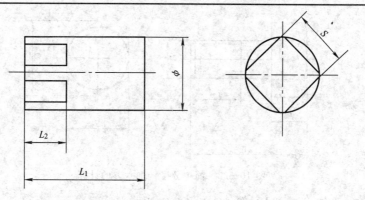

图 10-20　简单分度铣削四方的计算

说明：用简单分度法铣削四方的计算公式为

$$n=40/Z$$

其中：n 为每分度一次，分度头手柄应转过的圈数；40 为分度头的定数；Z 为工件的圆周等分数。

代入公式得：$n=40/Z=40/4$ 圈 $=10$ 圈

即每分度一个等分时，分度头手柄应转过 10 整圈。

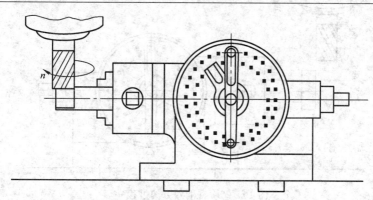

图 10-21　用简单分度法铣四方体的方法

说明：先将万能分度头装夹在铣床工作台台面上，按平面铣削方法和图样的尺寸要求加工好一个平面；再将分度头手柄转过 10 整圈后，用同样的平面铣削方法铣削另一个面，依次铣完其余的平面。

四、万能分度头的使用

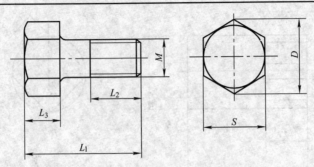

图 10-22　简单分度铣削六方的计算

说明： 用简单分度法铣削六方的计算公式为

$$n=\frac{40}{Z}$$

由公式得　　　$\frac{40}{6}$圈 $=6\ \frac{4}{6}$圈 $=6\ \frac{2}{3}$圈 $=6\ \frac{20}{30}$圈

即每分度一个等分时，分度头手柄应在分度板中的孔圈数为 30 个孔的孔圈上，转过 6 整圈后在转 20 个孔距。

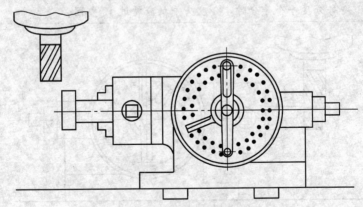

图 10-23　铣削六方的过程一

说明： 将万能分度头装夹在铣床的工作台台面上按公式计算出的 $6\ \frac{20}{30}$圈，选择带有 30 个孔圈数的分度板，安装在分度头上。再将分度手柄上的定位销调整到一圈为 30 个孔的孔圈上后，计孔叉（计孔叉内为 10 个孔距）。安装铣刀，选择好铣刀转数与切削速度。

四、万能分度头的使用

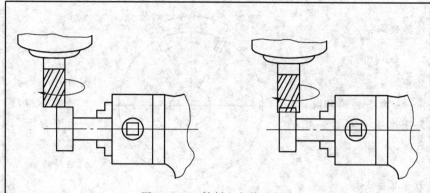

图 10-24 铣削六方的过程二

说明：使铣刀轻接触到工件表面后，退离工件，按图样尺寸要求，调整
铣削用量，进行加工。

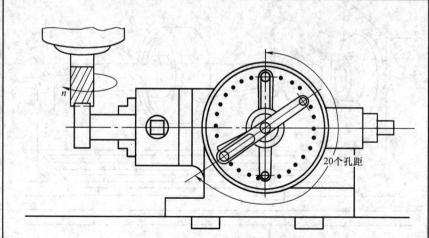

20个孔距

图 10-25 铣削六方的过程三

说明：铣削完一面后，分度头手柄转过 6 整圈，再转 20 个孔距（即 $6\frac{20}{30}$
圈），再铣削另一个面，按上述方法依次铣完其他平面。

四、万能分度头的使用

计算公式：

$$n = \frac{\theta}{9°}$$

其中：θ 为工件槽的夹角；n 为手柄的转数；9° 为分度头手柄转一圈的角度。

解：

由计算公式得

$$n = \frac{\theta}{9°} = \frac{51°}{9°} \text{圈} = 5\frac{6}{9} \text{圈}$$

$$= 5\frac{2}{3} \text{圈} = 5\frac{20}{30} \text{圈}$$

图 10-26 角度分度

例 10-1：某工件两个槽的夹角 θ 为 51°，试求分度头手柄的转数 n。

说明： 即分度手柄在每圈 30 孔的分度板上转过 5 整圈又 20 个孔距。

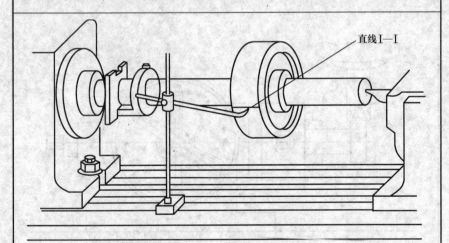

直线I—I

图 10-27 角度铣削的对中方法一

说明： 将划针盘针尖校对在接近于分度头中心的高度后，在工件侧圆柱上划一直线I—I。

四、万能分度头的使用

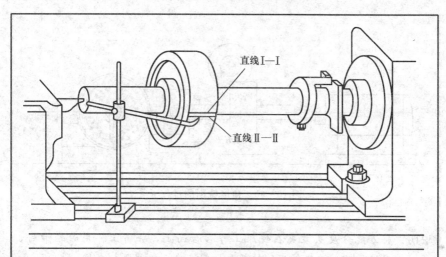

图 10-28　角度铣削的对中方法二

说明：摇转分度手柄 20 圈，使工件转过 180°，保持划针盘原有高度；在工件
外侧圆柱面上再划一条直线 II—II。此两线条即对称于工件轴线。

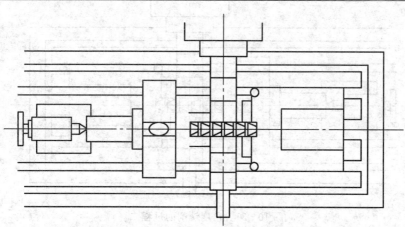

图 10-29　角度铣削的对中方法三

说明：反向摇转分度手柄 10 圈，使工件回转 90°（注意消除分度蜗杆间
的间隙），工件上的两线条即向上；然后调整工作台，使铣刀的切
削刃位于两线条之中，即对准中心。

四、万能分度头的使用

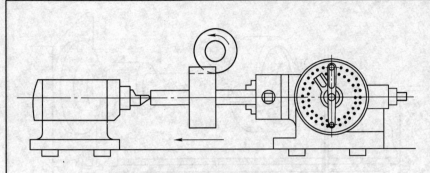

图 10-30　角度铣削的过程一

说明：将万能分度头装夹在铣床工作台台面上，并将工件用心轴卡好，安装铣刀，选择铣刀的转数和切削速度，铣削第一个槽。

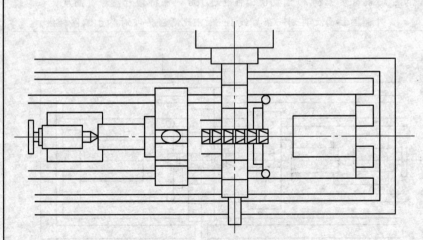

图 10-31　角度铣削的过程二

说明：铣削完一个槽后，分度头手柄转过 5 整圈，再转 20 个孔距（即 $5\frac{20}{30}$ 圈），铣削另一个槽。

四、万能分度头的使用

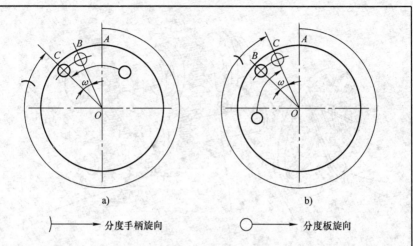

图 10-32　差动分度法

说明： 当不能进行简单分度，且分度的精确度要求又较高时，则可用差动分度法。其特点是：当转动手柄进行分度时，分度盘也须跟着转过一个角度。现将分度原理简述如下：设工件等分数 $Z=61$，通常按简单分度公式 $n=\dfrac{40}{61}$，只要选用 61 孔的分度板，每等分一次手柄转过 40 个孔即可，但是在一般情况下，61 孔的分度板是没有的。若选用 60 孔分度板，则 $\dfrac{40}{60}>\dfrac{40}{61}$，手柄比实际所需要的转数多转一个角度 ω，且成为一个 60 等分的工件，这是不符合要求的；若选用 62 孔分度板，则 $\dfrac{40}{62}<\dfrac{40}{61}$，手柄比实际需要的转数少转了一个角度 ω，而成为一个 62 等分的工件，亦不符合要求。由此可知，若把手柄多转的角度减去，或是把少转的角度加上，这样就可得到符合要求的等分数。为了把多转的一个角度 ω 减去，则当手柄自图 10-32a 中 A 处顺时针方向旋转至 B 处的同时，使分度板向逆时针方向作相反的回转；这样，手柄到达的位置不在 B 处而在 C 处，且使 $\angle BOC=\omega$，即手柄实际少转了一个角度 ω。为了把少转的一个角度 ω 加上，则使手柄自图 10-32b 中的 A 处顺时针方向旋转至 B 处的同时，使分度板也按顺时针方向慢慢旋转；使手柄到达的位置不在 B 处而在 C 处，且使 $\angle BOC=\omega$，即手柄实际多转了一个角度 ω。这种使分度板作相应旋转的分度方法称为差动分度法。

四、万能分度头的使用

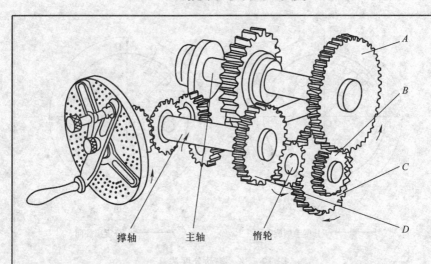

撑轴　　　　主轴　　　惰轮

图 10 - 33　差动分度传动图

说明： 差动分度是在分度头主轴和撑轴之间用交换齿轮来传动的。即当 $\dfrac{40}{60} > \dfrac{40}{61}$ 或 $\dfrac{40}{62} < \dfrac{40}{61}$，通常称 60 或 62 为假设等分数 Z'，61 为工件实际等分数 Z。因此，当选择 $Z' > Z$ 时，手柄和分度板两者旋向应相同，用"＋"表示。当 $Z' < Z$ 时，手柄和分度板两者旋向应相反，用"－"表示。旋向的获得可用惰轮来达到。由此，列成差动分度的公式为

$$i = \frac{40\,(Z' - Z)}{Z'} = \pm \frac{A}{B} \times \frac{C}{D}$$

$$n = \frac{40}{Z'}$$

即先确定工件假设等分数 Z'，然后按 Z' 分别算出由四个交换齿轮 (A、B、C、D) 或两个交换齿轮 (A、D) 所组成的速比 i 和分度手柄的转数 n。

四、万能分度头的使用

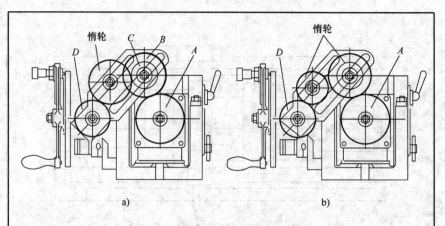

图 10-34 负值差动分度时惰轮的配置

说明：为了分度操作中准确方便，建议尽可能用 $Z' < Z$ 的值，这称为负值差动分度法。

例 10-2：有一齿轮的齿数 $Z=127$，用定数 $N=40$ 的分度头进行差动分度，试求分度时所需的交换齿轮速比 i 和分度手柄的转数 n。

解：先选择一个假设等分数 $Z'=120$，则

$$i=\frac{40\,(120-127)}{120}=-\frac{280}{120}=-\frac{70}{30}=\frac{A}{D}$$

即主轴上用 $A=70$ 齿的交换齿轮，撑轴上用 $D=30$ 齿的交换齿轮。因是负值，所以分度时手柄的回转方向应和分度板的回转方向相反，于是在两交换齿轮中间需用两个惰轮联接，如图 10-34b 所示。

$$n=\frac{40}{120}=\frac{1}{3}=\frac{1\times10}{3\times10}=\frac{10}{30}$$

即每等分一齿时，分度手柄在每圈为 30 孔的分度板上转过 10 个孔距。

四、万能分度头的使用

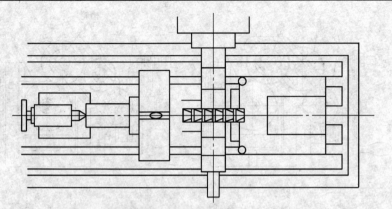

图 10-35　差动铣削的对中方法

说明：使用划针划两条线，然后调整工作台，使铣刀的切削刃位于两线条之中，中心即可对准。

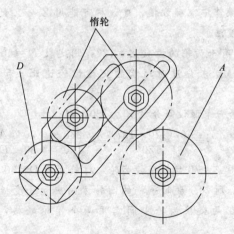

图 10-36　差动分度时的交换齿轮图

说明：旋转分度头手柄带动交换齿轮 A 转动，再通过两个惰轮带动交换齿轮 D 旋转。然后交换齿轮 D 带动分度板转动，最终实现差动分度。

四、万能分度头的使用

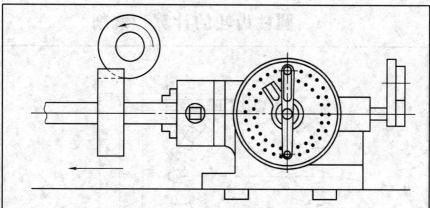

图 10-37　差动分度的铣削过程一

说明： 将万能分度头装夹在铣床工作台台面上，并将工件用心轴装夹好，
　　　　安装铣刀，选择铣刀的转数和切削速度。铣削第一个槽。

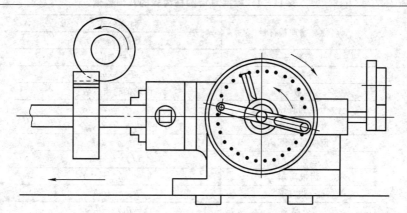

图 10-38　差动分度的铣削过程二

说明： 铣削第二个槽时，通过计算得知，应选用 30 个孔的分度板，分度
　　　　头手柄在 30 个孔的分度板上转动 10 个孔距。进行铣削，依次铣
　　　　完所有加工面。

第十一章 铣 齿 轮

一、圆柱齿轮的计算和铣削

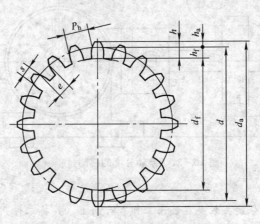

图 11-1　标准直齿圆柱齿轮

表 11-1　标准直齿圆柱齿轮的几何要素

名称与物理量符号	计算公式
	模数制，$\alpha = 20°$
模数 m	取标准值
导程 P_h	$P_h = \pi m$
齿数 z	齿轮的轮齿总数
分度圆直径 d	$d = mz$
齿顶圆直径 d_a	$d_a = d + 2h_a$
齿根圆直径 d_f	$d_f = d - 2h_f$
齿顶高 h_a	$h_a = h_a m$
齿根高 h_f	$h_f = (h_a^* + c^*)$
全齿高 h	$h = h_a + h_f$
齿厚 s	$s = P_h/2 = \dfrac{\pi m}{2}$
槽宽 e	$e = P_h/2 = \dfrac{\pi m}{2} = s$

说明：标准直齿圆柱齿轮是指采用标准模数 m、齿形角 $\alpha = 20°$、齿顶高
　　　系数 $h_a^* = 1$、顶隙系数 $c^* = 0.25$，端面齿厚等于齿槽宽的渐开线
　　　直齿圆柱齿轮，简称标准直齿轮。标准直齿轮几何要素名称、物
　　　理量符号与计算公式如图 11-1 和表 11-1 所示。

一、圆柱齿轮的计算和铣削

表 11 - 2　齿轮铣刀选择表

刀号	1	2	3	4	5	6	7	8
加工齿数范围	12～13	14～16	17～20	21～25	26～34	35～54	12～13	135 以上
齿形								

说明： 在万能铣床、立式铣床上进行齿轮的铣削加工时，首先要选择刀具，因为同一模数工件的齿数各异，所以就要有一把与工件齿数合适的齿轮铣刀。通常同一模数的齿轮铣刀分为 1 号～8 号 8 把齿轮铣刀，每把铣刀都标有规定的齿数范围。

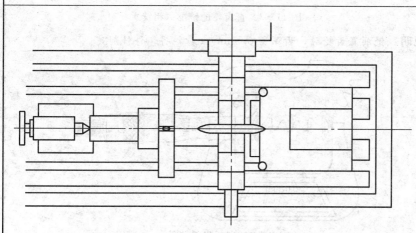

图 11 - 2　直齿轮铣削的对中方法

说明： 直齿轮铣削的对中方法有划线对中法、切痕对中法和试切对中法。常用的是切痕对中法，如图 11－2 所示，调整机床，初步使铣刀对正工件轴线，再将工件移动到刀具下方，起动机床，使刀具在工件上表面试切一刀，观察切刀痕，若切刀痕两侧面对称，深浅一致，则实现对中，否则调整机床再进行试切。

一、圆柱齿轮的计算和铣削

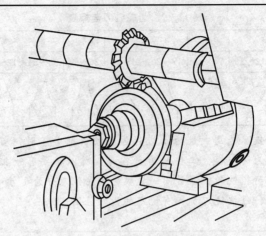

图 11-3　直齿轮的铣削（粗铣）

说明：铣削直齿轮时，齿深留 0.5mm 余量，将工件铣削完。

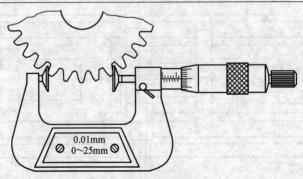

图 11-4　齿轮测量

说明：用公法线千分尺先测出工件粗铣后公法线长度 L 的实际尺寸，再计算出与图样要求的公法线长度 L 的差，这个差即为精加工余量。调整手柄完成精加工余量的铣削，精加工余量的数值须计算得出，计算方法为

（工件实际尺寸－图样要求尺寸）×1.46

例如，$(21.85-21.50)\mathrm{mm}\times1.46=0.51\mathrm{mm}$

（此公式为压力角 $\alpha=20°$ 的计算公式）

一、圆柱齿轮的计算和铣削

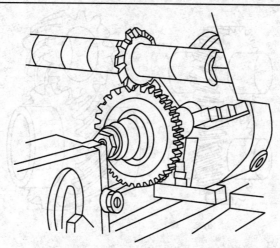

图 11-5　直齿轮的铣削（精铣）

说明：精铣直齿轮时，按计算出的精加工余量（0.51mm）准确地调整进
给量。铣削出 5 个齿后，再测量公法线 L 的长度尺寸是否达到图
样的尺寸要求。如果没有达到尺寸要求，此时的差也是极少微量
的，可适量补进一点尺寸，将工件铣削完成。

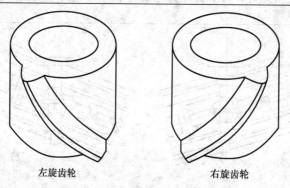

左旋齿轮　　　　　　　　　右旋齿轮

图 11-6　斜齿轮螺旋方向的识别

说明：把齿轮平放，使轴线直立，自下往上，看轮齿的斜面方向。斜向
左面的为左旋齿轮，斜向右面的为右旋齿轮。习惯上，右旋齿轮
不在工作图上注明；左旋齿轮必须在工作图上注明。

二、斜齿轮的铣削

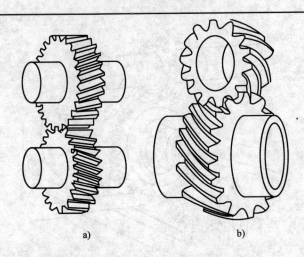

a)   b)

图 11-7 斜齿轮的种类

说明： 一对相互啮合的螺旋齿轮从两个齿轮的位置来看可以是平行的，
也可以是任意角度的。当两轴相互平行时，两个齿轮的螺旋角必
须相同，而螺旋方向则相反（图 11-7a）。当两轴不平行而错交成
一定角度时，两个齿轮的螺旋角和螺旋方向可以相同也可以不相
同（图 11-7b）。

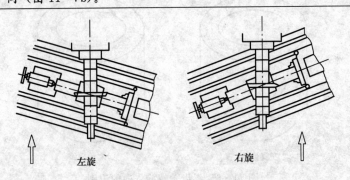

左旋   右旋

图 11-8 工作台螺旋角旋转方向的确定

说明： 工作台螺旋角旋转方向与待加工齿轮螺旋角方向有关。对于左旋
齿轮，工作台顺时针旋转螺旋角；对于右旋齿轮，工作台逆时针
旋转螺旋角，如图 11-8 所示。

二、斜齿轮的铣削

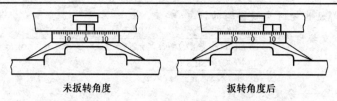

未扳转角度   扳转角度后

图 11 - 9 工作台扳角度示意图

说明： 工作台扳转角度时，首先观察回转工作台刻度盘基准线的位置，再按扳转角度扳转工作台，使基准线与刻度盘对应角度线对齐，如图 11 - 9 所示。

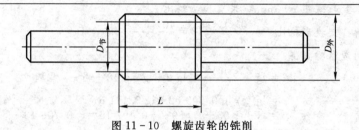

图 11 - 10 螺旋齿轮的铣削

表 11 - 3 齿轮参数

齿数 Z	30	法向模数 m_n	4	螺旋角 β	18°
螺旋方向	右	固定弦齿厚 h_x	2.99		
压力角	20°	固定弦齿厚 S_x	5.55$^{-0.18}_{-0.28}$		

说明： 铣削如图 11 - 10 所示螺旋齿轮的铣削要素的确定方法：一是按法向模数 m_n 确定当量齿数 z_v，具体公式为 $z_v = \dfrac{z}{\cos^3 \beta}$。二是计算螺旋线导程 $P_h = \dfrac{\pi m_n z}{\sin \beta}$，再根据螺旋线导程选择交换齿轮。

二、斜齿轮的铣削

铣螺旋齿轮时交换齿轮的计算

$$交换齿轮比\ i=\frac{机床定数}{L(工件导程)}=\frac{40\times t}{d\times\pi\times\cot\beta}=\frac{40\times t}{m_\mathrm{s}\times z\times\pi\times\cot\beta}$$

$$=\frac{40\times t\times\sin\beta}{m_\mathrm{n}\times z\times\pi}=\frac{z_1\times z_3}{z_2\times z_4}$$

式中　40 —— 分度头定数；

t —— 工作台丝杠螺距；

d —— 齿轮节径；

β —— 齿轮螺旋角；

m_s —— 端面模数；

m_n —— 法向模数；

z —— 齿数。

例 11-1：加工一齿轮，$z=30$，$m_\mathrm{n}=4$，$\beta=18°$，$\alpha_\mathrm{n}=20°$，$n=40$，工作台丝杠螺距 $t=6\mathrm{mm}$，求交换齿轮比 i。

解：交换齿轮比 $i=\dfrac{40\times t\times\sin\beta}{m_\mathrm{n}\times z\times\pi}=\dfrac{40\times6\times\sin18°}{4\times30\times\pi}=\dfrac{2\times\sin18°}{\pi}$

两边取对数得

$$\lg i=\lg\frac{2\times\sin18°}{\pi}=\lg2+\lg\sin18°-\lg\pi$$

$$=\lg2+\lg0.309\,02-\lg3.141\,6$$

$$=0.301\,03+\overline{1}.489\,9-0.497\,15=-0.706\,13$$

即 $\lg i=\lg\left(\dfrac{z_1}{z_2}\times\dfrac{z_3}{z_4}\right)=\lg\dfrac{z_1}{z_2}+\lg\dfrac{z_3}{z_4}=-0.706\,13$

查对数交换齿轮表，从中选

$$\lg\frac{z_1}{z_2}=-0.602\,06\ 得\frac{z_1}{z_2}=\frac{25}{100}$$

$$\lg\frac{z_3}{z_4}=\lg i-\lg\frac{z_1}{z_2}=-0.706\,13-(-0.602\,06)=-0.104\,07$$

取 $\lg\dfrac{z_3}{z_4}\approx-0.104\,09$ 　得 $\dfrac{z_3}{z_4}=\dfrac{48}{61}$

则 $\dfrac{z_1}{z_2}\times\dfrac{z_3}{z_4}=\dfrac{25}{100}\times\dfrac{48}{61}=0.196\,72$

$\lg i=-0.706\,13=\overline{1}.293\,87$ 　$i=0.196\,73$

误差 $0.196\,73-0.196\,72=0.000\,01$

若交换齿轮中没有 48 和 61 齿，可近似选 $\dfrac{z_3}{z_4}=\dfrac{50}{70}$

则 $\dfrac{z_1}{z_2}\times\dfrac{z_3}{z_4}=\dfrac{25}{100}\times\dfrac{55}{70}=0.196\,43$

误差　$0.196\,73-0.196\,43=0.000\,3$

二、斜齿轮的铣削

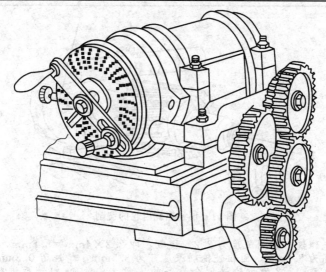

图 11 - 11　侧轴挂轮法交换齿轮形式

说明：挂轮时，看分度头的旋转方向是否正确，旋转方向与工件的螺旋
方向一致时为正确，如不正确可通过增减惰轮进行调整。

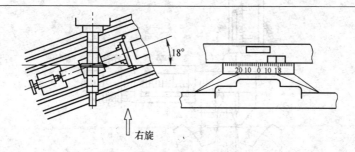

图 11 - 12　工作台角度扳转方法

说明：螺旋角为 18°的右旋螺旋齿轮工作台角度扳转的具体方法：松开工
作台紧固螺栓，逆时针旋转工作台，观察工作台下的刻度盘刻度，
使基准线与 18°刻度线对齐即可。

二、斜齿轮的铣削

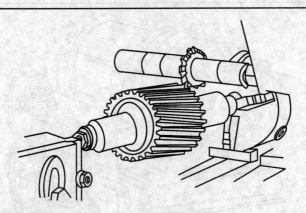

图 11-13　螺旋齿轮的铣削

说明：先粗铣，铣削深度为 2.2×模数，即 2.2×4mm＝8.8mm，即全齿
高为 8.8mm，固粗铣铣削深度可为 8.5mm，精铣留 0.3mm余量。
注意：2.2 为齿轮铣削全齿高的定数（常数）。粗铣后进行精铣，
补进铣削深度1.4×余量＝1.4×0.5mm＝0.7mm。精铣完2～3 个
齿后，再测量一下齿厚，若未达到尺寸要求需重新调整加工余量
进行铣削。注意：1.4 为齿轮铣削精加工余量的定数（常数）。

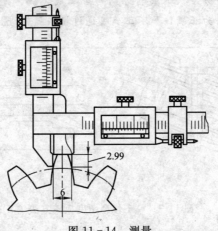

图 11-14　测量

说明：用游标齿厚卡尺测量齿形的固定弦，齿高＝2.99mm，齿厚
　　　＝6mm。

参 考 文 献

［1］第一机械工业部统编. 铣工工艺学（初级本）［M］. 北京：科学普及出版社，1982.

［2］侯慧人，陈钰才，张忠孝，等. 铣工实践［M］. 北京：科学出版社，1979.

［3］何建民，寇立平，铣工基本技术［M］. 北京：金盾出版社，2005.

［4］刘冰洁，陈志毅，孙建忠. 铣工技能训练［M］. 3版. 北京：中国劳动社会保障出版社，2005.

［5］周湛学. 铣工［M］. 北京：化学工业出版社，2006.

［6］陈志毅. 铣工工艺与技能训练［M］. 北京：中国劳动社会保障出版社，2007.

［7］王雅然. 金属工艺学［M］. 北京：机械工业出版社，2000.

图书在版编目（CIP）数据

铣工技能图解/王凤伟，郑永发编. —北京：机械工业出版社，
2013.9

（看图学技术丛书）

ISBN 978-7-111-43747-5

Ⅰ.①铣… Ⅱ.①王…②郑… Ⅲ.①铣削-图解 Ⅳ.①TG54-64

中国版本图书馆 CIP 数据核字（2013）第 196915 号

机械工业出版社（北京市百万庄大街22号　邮政编码 100037）
策划编辑：朱　华　马　晋　责任编辑：朱　华　马　晋　王丹凤
版式设计：霍永明　　　　　责任校对：卢惠英
封面设计：陈　沛　　　　　责任印制：李　洋
北京瑞德印刷有限公司印刷（三河市胜利装订厂装订）
2014 年 1 月第 1 版第 1 次印刷
148mm×210mm · 9.75 印张 · 260 千字
0001—3000 册
标准书号：ISBN 978-7-111-43747-5
定价：29.80 元

凡购本书，如有缺页、倒页、脱页，由本社发行部调换

电话服务　　　　　　　　　　网络服务

社服务中心：(010)88361066　教材网：http://www.cmpedu.com

销售一部：(010)68326294　机工官网：http://www.cmpbook.com

销售二部：(010)88379649　机工官博：http://weibo.com/cmp1952

读者购书热线：(010)88379203　**封面无防伪标均为盗版**